塔里木河流域近期综合治理系列丛书

塔里木河流域
水资源统一管理与调度实践

覃新闻 托乎提·艾合买提 吾买尔江·吾布力 黄小宁 袁著春 编著

中国水利水电出版社
www.waterpub.com.cn

内 容 提 要

本书是“塔里木河流域近期综合治理系列丛书”之一，由参与塔里木河流域近期综合治理工程建设的有关单位和专家从工程管理和工程技术角度出发，对塔里木河流域近期综合治理工程建设过程中采取的管理方式、施工技术进行了系统的总结，主要介绍了建设管理模式、质量管理、监理管理、设计管理、施工工艺等内容。本书图、文、表、照片并茂，内容丰富，语言平实，着重于工程纪实。

本书可供水利水电行业技术人员阅读使用，也可供相关专业的研究人员和相近专业的技术人员参考。

图书在版编目（CIP）数据

塔里木河流域水资源统一管理与调度实践 / 覃新闻等编著. -- 北京 : 中国水利水电出版社, 2014.10
（塔里木河流域近期综合治理系列丛书）
ISBN 978-7-5170-2610-5

Ⅰ. ①塔… Ⅱ. ①覃… Ⅲ. ①塔里木河－流域－水资源管理－研究 Ⅳ. ①TV213.4

中国版本图书馆CIP数据核字(2014)第236409号

书名	塔里木河流域近期综合治理系列丛书 **塔里木河流域水资源统一管理与调度实践**
作者	覃新闻 托乎提·艾合买提 吾买尔江·吾布力 黄小宁 袁著春 编著
出版发行	中国水利水电出版社 （北京市海淀区玉渊潭南路1号D座 100038） 网址：www.waterpub.com.cn E-mail：sales@waterpub.com.cn 电话：(010) 68367658（发行部）
经售	北京科水图书销售中心（零售） 电话：(010) 88383994、63202643、68545874 全国各地新华书店和相关出版物销售网点
排版	中国水利水电出版社微机排版中心
印刷	北京博图彩色印刷有限公司
规格	184mm×260mm 16开本 8印张 190千字
版次	2014年10月第1版 2014年10月第1次印刷
印数	0001—1000册
定价	**39.00**元

《塔里木河流域水资源统一管理与调度实践》

编　写　组

组　长： 覃新闻

副组长： 托乎提·艾合买提　石　泉　吾买尔江·吾布力
王新平　何　宇　王永琴

主要撰写人员： 黄小宁　袁著春　卓　锐　段远斌

前　言

塔里木河流域是中国最大的内陆河流域，是九大水系的144条河流的总称，流域总面积102万km^2，其中沙漠面积占33%，平原区只占20%，生态环境十分脆弱，塔里木河干流下游长期断流。塔里木河流域近期综合治理项目是拯救塔里木河干流下游生态的一项系统工程，水量调度管理措施是近期综合治理重要手段之一，是实现近期综合治理目标，恢复下游生态的重要手段。项目实施以来，塔里木河流域综合治理和生态环境保护建设取得了阶段性成效，流域水资源统一管理也不断加强。

流域涉及地方的五个地、州和兵团的四个师，地方与兵团管理区域相互交叉，用水关系协调难度大；四条源流各自相对独立又各有特点，塔河干流不产流，水量全由源流供给，但干流又是生态保护的重点。自2001年来，在塔里木河流域管理局的精心组织下，开始实施流域水资源统一管理和水量调度工作，通过十几年的调度管理与实践，总结出了一套适应于流域水资源统一管理与水量调度的经验，为今后流域水资源统一管理提供了宝贵经验。

为使从事流域管理工作的同行们，能较好的参考和借鉴塔里木河流域近期综合治理水资源统一管理和水量调度的经验，塔里木河流域管理局组织参与水资源统一管理和水量调度的专业技术人员编写了塔里木河流域近期综合治理系列丛书《塔里木河流域水资源统一管理与调度实践》。参加编写的人员有：第1章、第2章、第3章、第4章、第5章、第7章由新疆塔里木河流域管理局袁著春编写；第6章由新疆塔里木河流域管理局信息中心卓锐编写；新疆塔里木河流域管理局卓锐还参与第7章的部分章节的编写；新疆塔里木河流域管理局黄小宁、袁著春对本书编写进行了统稿；卓锐、段远斌参与了本书的照片编辑和整理。

本书在编写出版过程中，得到了有关领导和专业技术人员的关心和指导，中国水利水电出版社给予了大力支持，在此，一并表示衷心的感谢。

塔里木河流域近期综合治理系列丛书编写组

2014年3月

目　　录

1

塔里木河流域基本概况

1.1 流域的基本情况

1.1.1 基本情况

塔里木河是我国最大的内陆河，其流域位于新疆维吾尔自治区南部的塔里木盆地，处于东经 73°10′～94°05′，北纬 34°55′～43°08′之间，流域总面积 102.70 万 km^2。其中山地占 47%，平原区占 22%，沙漠面积占 31%。流域地处欧亚大陆腹地，由发源于塔里木盆地周边天山山脉、帕米尔高原、喀喇昆仑山、昆仑山、阿尔金山等山脉的阿克苏河、喀什噶尔河、叶尔羌河、和田河、开都河—孔雀河、迪那河、渭干河—库车河、克里雅河和车尔臣河等九大水系和塔里木河干流、塔克拉玛干沙漠及东部荒漠三大区组成。

流域环塔里木盆地的整个南疆地区，涵盖南疆阿克苏地区、喀什地区、和田地区、克孜勒苏柯尔克孜州和巴音郭楞蒙古自治州等五地州行政区域，是新疆境内跨地（州、县、市）最多的流域。1998 年总人口 825.7 万人，其中少数民族占流域总人口的 85%，是以维吾尔族为主体的少数民族聚居区。流域内现有耕地 2044 万亩，国内生产总值 350 亿元。流域多年平均天然径流量 398.3 亿 m^3，主要以冰川融雪补给为主，不重复地下水资源量为 30.7 亿 m^3，流域水资源总量为 429 亿 m^3。

塔里木河干流全长 1321km，自身不产流，历史上塔里木河流域的九大水系均有水汇入塔里木河干流。由于人类活动与气候变化等影响，20 世纪 40 年代以前，车尔臣河、克里雅河、迪那河相继与干流失去地表水联系，40 年代以后喀什噶尔河、开都河—孔雀河、渭干河也逐渐脱离干流。目前与塔里木河干流有地表水联系的只有和田河、叶尔羌河和阿克苏河三条源流，孔雀河通过扬水站从博斯腾湖抽水经库塔干渠向塔里木河下游灌区输水，形成“四源一干”的格局，塔里木河流域水系见图 1.1。由于“四源一干”流域面积占流域总面积的 25.4%，多年平均年径流量占流域年径流总量的 64.4%，对塔里木河的形成、发展与演变起着决定性的作用。

20 世纪 50 年代以来，由于人类活动与气候变化等影响，加之水资源没有实行流域统一管理，现有的管理体制和机制，不能对流域水资源实施有效的统一调度和合理配置，源流进入干流的水量不断减少，最终导致多条源流相继脱离干流（断流的河道见图 1.2），生态环境不断恶化（枯死的胡杨见图 1.3）。

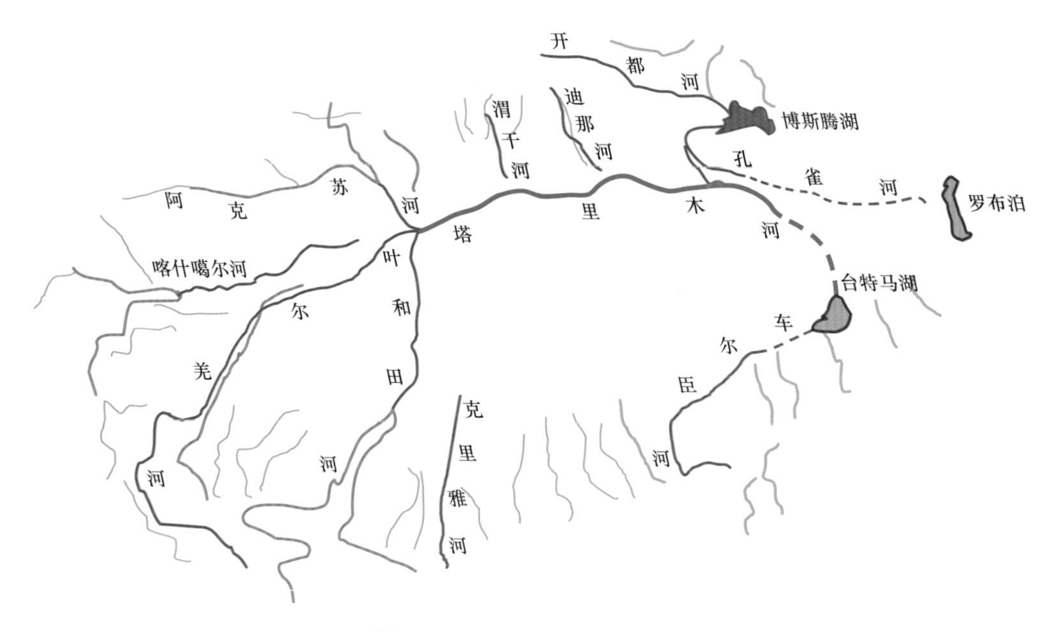

图 1.1　塔里木河流域水系图

图 1.2　断流的河道

图 1.3　枯死的胡杨

1.1.2　流域“四源一干”自然地理特征概况

塔里木河流域北倚天山，西临帕米尔高原，南凭昆仑山、阿尔金山，三面高山耸立，地处天山地槽与塔里木地台之间的山前凹陷区。由于塔里木河流域涵盖了塔里木盆地内86.6%的面积，因此，其地形地貌主要表现出塔里木盆地的地貌特征。其总的地貌呈环状结构，地势为西高东低、北高南低，平均海拔为1000.00m左右。除东部较低外，其他各山系海拔均在4000.00m以上。天山西部、帕米尔高原、喀喇昆仑山和昆仑山有许多海拔在6000.00m以上的高峰，其中位于喀喇昆仑山的乔戈里峰，海拔为8611.00m，是世界第二高峰。盆地和平原地势起伏和缓，盆地边缘绿洲海拔为1200.00m，盆地中心海拔为900.00m左右，最低处为罗布泊，海拔为762.00m。塔里木河流域四周高山环列，流域内高山、盆地相间，来自昆仑山、天山的河流搬运大量泥沙，堆积在山麓和平原区，形成广阔的冲、洪积平原及三角洲平原，以塔里木河干流最大。根据其成因、物质组成，山区分为下列地貌带。

山麓砾漠带：为河流出山口形成的冲洪积扇，主要为卵砾质沉积物，在昆仑山北麓分布高度1000～2000m，宽30～40km；天山南麓高度1300～1000m，宽10～15km。地下水位较深，地面干燥，植被稀疏。

冲洪积平原绿洲带：位于山麓砾漠带与沙漠之间，由冲洪积扇下部及扇缘溢出带、河流中、下游及三角洲组成。因受水源的制约，绿洲呈不连续分布。昆仑山北麓分布在1500～2000m，宽5～120km不等；天山南麓分布在920～1200m，宽度较大；坡降平缓，水源充足，引水便利，是流域的农牧业分布区。

塔克拉玛干沙漠区：以流动沙丘为主，沙丘高大，形态复杂，主要有沙垄、新月型沙丘链、金字塔沙山等。塔克拉玛干沙漠见图1.4。

塔里木河流域远离海洋，地处中纬度欧亚大陆腹地，四周高山环绕，东部是塔克拉玛干大沙漠，形成了干旱环境中典型的大陆性气候。其特点是：降水稀少、蒸发强烈，四季气候悬殊，温差大，多风沙、浮尘天气，日照时间长，光热资源丰富等。气温年较差和日较差都很大，年平均日较差14～16℃，年最大日较差一般在25℃以上。年平均气温除高寒山区外多在3.3～12℃之间。夏热冬寒是大陆性气候的显著特征，夏季7月平均气温为20～30℃，冬季1月平均气温为－10～－20℃。

图1.4　塔克拉玛干沙漠

冲洪积平原及塔里木盆地不小于10℃积温，多在4000℃以上，持续180～200d，在山区，不小于10℃积温少于2000℃；一般纬度北移一度，不小于10℃积温约减少100℃，持续天数缩短4d。按热量划分，塔里木河流域属于干旱暖温带。年日照时数在2550～3500h，平均年太阳总辐射量为1740kW·h/（m^2·a），无霜期190～220d。

在远离海洋和高山环列的综合影响下，全流域降水稀少，降水量地区分布差异很大。广大平原一般无降水径流发生，盆地中部存在大面积荒漠无流区。降水量的地区分布，总的趋势是北部多于南部，西部多于东部；山地多于平原；山地一般为200～500mm，盆地边缘50～80mm，东南缘20～30mm，盆地中心约10mm左右。全流域多年平均年降水量为116.8mm，受水汽条件和地理位置的影响，“四源一干”多年平均年降水量为236.7mm，是降水量较多的区域。蒸发能力很强，一般山区为800～1200mm，平原盆地1600～2200mm（以折算E-601型蒸发器的蒸发量计算）。干旱指数的分布具有明显的地带性规律，一般高寒山区小，在2～5之间，戈壁平原大，达20以上，绿洲平原次之，在5～20之间。自北向南、自西向东有增大的趋势（见图1.5）。

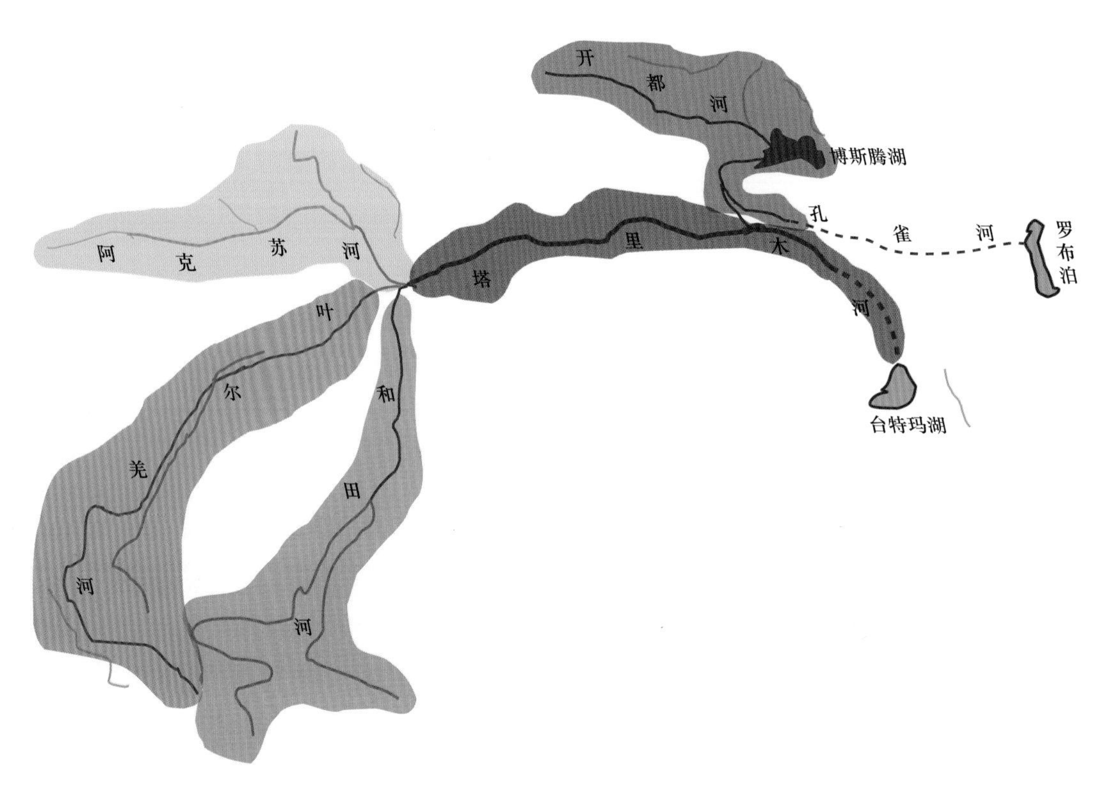

图1.5　塔里木河流域“四源一干”水系图

（1）四源流的自然地理特征。阿克苏河流域、叶尔羌河流域、和田河流域、开都河—孔雀河流域总面积为24.10万km^2，其中山区流域面积为17.11万km^2，平原区流域面积6.99万km^2。四源流流域多年平均降水量252.4mm，主要集中在山区，在3000～4000m以上年降水量可达400mm以上，是主要产流区；平原区降水量一般只有40～

70mm，产流很少。干旱指数山区为2～8；平原区为13～25，属干旱地区。塔里木河流域塔里木河流域“四源一干”河流概况见表1.1。

表1.1　塔里木河流域塔里木河流域“四源一干”河流概况表

河流名称	河流长度/km	流域面积/万km²		
		全流域	山区	平原区
塔里木河干流区	1321	1.76		1.76
开都河—孔雀河流域	560	4.96	3.30	1.66
阿克苏河流域	588	6.23	4.32	1.91
叶尔羌河流域	1165	7.98	5.69	2.29
和田河流域	1127	4.93	3.80	1.13
合　计	4761	25.86	17.11	8.75

阿克苏河由库玛拉克河和托什干河两大支流组成，河流全长588km，经依拦河闸汇入塔里木河干流。流域面积6.23万km^2，其中山区流域面积4.32万km^2，平原区流域面积1.91万km^2。

和田河发源于昆仑山和喀喇昆仑山北坡，有玉龙喀什河与喀拉喀什河两条支流，流域面积4.93万km^2，其中山区流域面积3.8万km^2，平原区流域面积1.13万km^2，和田河由南向北穿越塔克拉玛干大沙漠，长度达1127km，汇入塔里木河干流。

叶尔羌河发源于喀喇昆仑山北坡，由主流克勒青河和塔什库尔干河、提兹那甫河、柯克亚河和乌鲁克河等支流组成，河流全长1165km，国内流域面积7.98万km^2，其中山区流域面积5.69万km^2，平原区流域面积2.29万km^2。叶尔羌河在流出流域灌区后，流经200km的沙漠到达塔里木河。

开都河—孔雀河流域面积4.96万km^2，其中山区流域面积3.30万km^2，平原区流域面积1.66万km^2。开都河发源于天山中部，注入博斯腾湖，全长560km，博斯腾湖湖面面积为1000km^2，容积为81.5亿m^3，是我国最大的内陆淡水湖，它既是开都河的尾闾，又是孔雀河的发源地。但随着入湖水量的减少，湖水位逐年下降，博斯腾湖水出流不能满足孔雀河灌区农业生产需要，同时，为加强博湖水循环，改善博斯腾湖水质，1982年修建了博斯腾湖抽水泵站及输水干渠，每年可向孔雀河供水约10亿m^3，其中约2.5亿m^3水量通过库塔干渠输送到塔里木河下游灌区。塔里木河流域“四源一干”水系见图1.5。

（2）塔里木河干流。塔里木河干流位于盆地腹地，降水量稀少，年均降水量只有41.1mm，本身不产生地表径流，全靠源流补给，属纯耗散型河流。蒸发能力为1121～1636mm，干旱指数为28～80，属极端干旱地区。

塔里木河干流从肖夹克至台特玛湖全长1321km，流域面积1.76万km^2，属平原型河流。在塔里木河干流两岸分布着882万亩的国内外最大面积的天然胡杨林群种，塔里木河天然胡杨林见图1.6，它与塔里木河干流两岸的天然草地一起共2100万亩形成了塔里木河干流的天然绿色走廊，有效和阻止了塔克拉玛干和库姆塔格两大流动沙漠的合拢，有效地保护了新疆与内地第二大通道的畅通和两岸居民的生活和生产，至今为

图 1.6　塔里木河天然胡杨林

止塔里木河干流的生态用水量占到塔里木河干流用水量的75%以上，是一条典型的生态河流。

塔里木河干流是从肖夹克至英巴扎为上游，河道长495km，河道纵坡1/4600到1/6300，河床下切深度2～4m，河道比较顺直，很少汊河，河道水面宽一般在500～1000m，河漫滩发育，阶地不明显。英巴扎至恰拉为中游，河道长398km，河道纵坡1/5700～1/7700，水面宽一般在200～500m，河道弯曲，水流缓慢，土质松散，泥沙沉积严重，河床不断抬升，加之人为扒口，致使中游河段形成众多汊道。恰拉以下至台特玛湖为下游，河道长428km。河道纵坡较中游段大，为1/4500～1/7900，河床下切一般为3～5m，河床宽约100m，比较稳定。1970年英苏以下266km河道断流，台特玛湖于1974年干涸。塔里木河干流见图1.7。

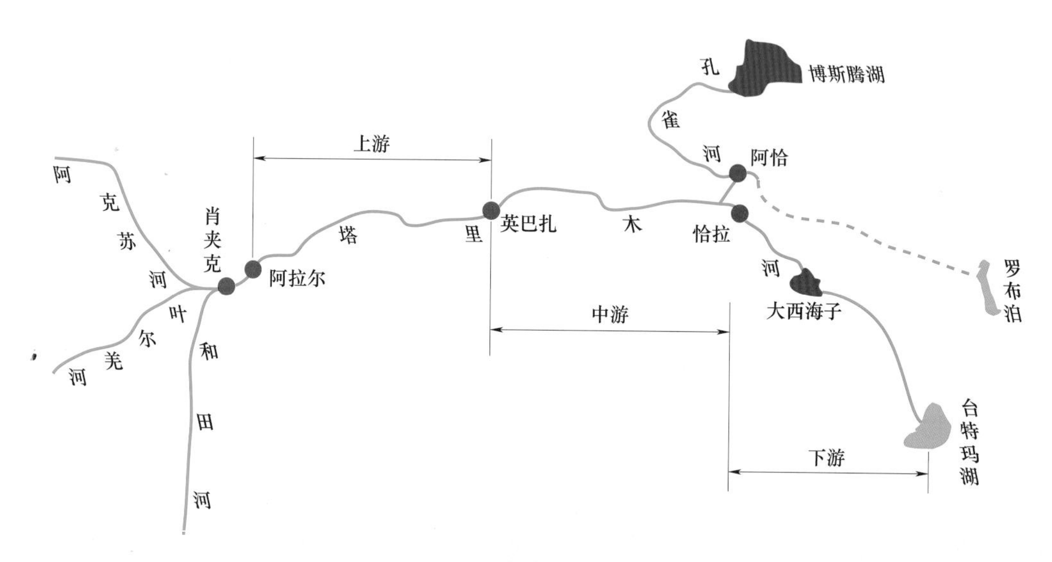

图 1.7　塔里木河干流示意图

恰拉引水枢纽

1.2 流域社会经济概况

塔里木河流域地跨巴音郭楞蒙古自治州、阿克苏河地区、喀什地区、和田地区、克孜勒苏柯尔克孜自治州5个地（州），以及4个新疆生产建设兵团单位，其中阿克苏河流域涵盖了阿克苏河灌区的阿克苏市、乌什县、温宿县部分（台兰河灌区除外）、阿瓦提县、柯坪县部分（启浪乡）、阿克苏监狱、克州的阿合奇县共5县1市，以及阿克苏流域垦区灌区。叶尔羌河流域涵盖了叶尔羌河灌区的叶城县、莎车县、泽普县、麦盖提县、巴楚县、塔什库尔干县、岳普湖县的两个乡，叶尔羌河流域垦区灌区的前进水库垦区、小海子水库垦区等12个单位，以及公安司法系统的两个劳改农场等共24个县级以上用水单位。和田河流域涵盖了和田河灌区的和田市、和田县、墨玉县、洛浦县及和田河流域垦区灌区。开都河—孔雀河流域涵盖了巴音郭楞蒙古自治州的和静县、焉耆县、和硕县、博湖县、库尔勒市、尉犁县、轮台县、若羌县和州直4个国营农场，塔河干流垦区灌区的11个单位，以及吐鲁番地区的托克逊县、吐鲁番市。塔里木河干流流域涵盖了阿克苏河灌区的阿克苏市、沙雅县、新和县、库车县，巴音郭楞蒙古自治州的轮台县、库尔勒市、尉犁县、若羌县及塔河干流垦区灌区。

塔里木河流域范围内是一个以维吾尔族为主体的多民族聚居区，共有维吾尔、汉、回、柯尔克孜、塔吉克、哈萨克、乌兹别克、藏、壮、锡伯、蒙古、朝鲜、苗、达斡尔、东乡、塔塔尔、满和土家等18个民族；截止2010年底，塔里木河流域总人口为1009.17万人，占全疆总人口的46.2%。

截止2010年底，塔里木河流域耕地面积2547万亩，占南疆的66%，人均耕地2.8亩。农作物总种植面积3296.61万亩，占全疆总种植面积的46.2%，其中粮食播种面积1399.61万亩，占全疆粮食播种面积的46.0%；粮食总产量达601.64万吨，占全疆粮食总产的51.4%；经济作物播种面积1896.99万亩，占全疆经济作物总播种面积的46.3%；年末牲畜总头数2183.8万头，占全疆年末牲畜总头数的58.7%。全流域2010年GDP为1739.29亿元，占全疆GDP的32.1%，其中第一产业增加值428.34亿元、第二产业增加值为 858.79 亿元、第三产业增加值为 452.15 亿元，分别占全疆的 39.7%、33.8%、25.0%。

全流域人均生产总值为 17234.92 元，占全疆人均生产总值的 69%；流域内仅巴音郭楞蒙古自治州人均国民生产总值高于全疆平均水平 87.2%，其余地、州人均国民生产总值均低于全疆平均水平。目前流域总体城市化水平不高，工业发展落后，属于新疆维吾尔自治区的贫困地区。

在塔里木河流域"四源一干"中，叶尔羌河流域目前的灌溉面积所占比重较大，2010 年叶尔羌河流域总灌溉面积占塔里木河流域"四源一干"的 29.6%，而和田河流域占塔里木河流域"四源一干"总灌溉面积的 12%，具体情况，见塔里木河流域"四源一干"灌溉面积柱状见图 1.8，塔里木河干流人均占有耕地面积很大，但农业经济水平低下，因此，塔里木河流域"四源一干"经济发展水平在区域间存在较大的差异。总体上看，开都河—孔雀河流域处于相对经济发展水平较高，阿克苏河流域次之，叶尔羌河流域位于第三，和田河流域处于最落后的水平。

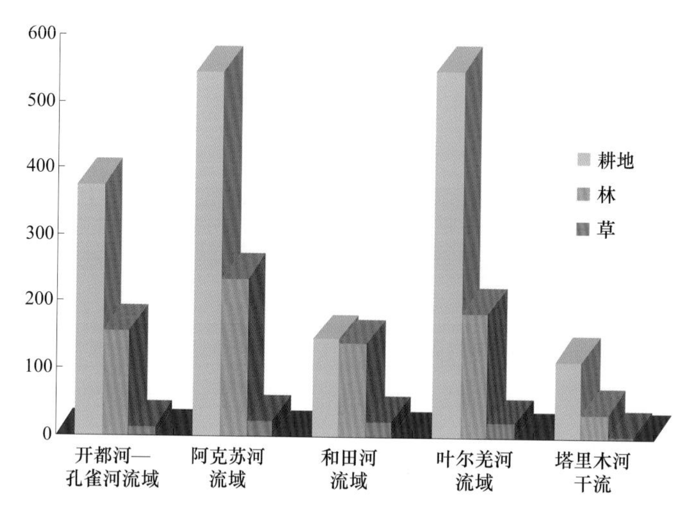

图 1.8　塔里木河流域"四源一干"灌溉面积柱状图

塔里木河干流汛期河道来水情况

1.3 流域“四源一干”水资源状况

1.3.1 “四源一干”水资源量及其特征

塔里木河流域的四源流多年平均天然径流量为256.73亿m^3，其中阿克苏河、叶尔羌河、和田河和开都河—孔雀河分别为95.33亿m^3、75.61亿m^3、45.04亿m^3和40.75亿m^3。地下水资源与河川径流不重复量约为18.15亿m^3，其中阿克苏河、叶尔羌河、和田河和开都河—孔雀河分别为11.36亿m^3、2.64亿m^3、2.34亿m^3和1.81亿m^3。水资源总量为274.88亿m^3，其中阿克苏河、叶尔羌河、和田河和开都河—孔雀河分别为106.69亿m^3、78.25亿m^3、47.38亿m^3和42.56亿m^3，具体情况见表1.2。

表1.2　四源流多年平均水资源总量统计表　单位：亿m^3

流　域	地表水资源量	地下水资源量		水资源总量
		资源量	其中不重复量	
阿克苏流域	95.33	38.12	11.36	106.69
叶尔羌河流域	75.61	45.98	2.64	78.25
和田河流域	45.04	16.11	2.34	47.38
开都河—孔雀河流域	40.75	19.97	1.81	42.56
四源流合计	256.73	120.2	18.15	274.88

塔里木河干流是典型的干旱区内陆河流，自身不产流，干流水量主要由阿克苏河、叶尔羌河、和田河三源流补给。总体而言，塔里木河流域水资源具有以下特点：

（1）地表水资源形成于山区，消耗于平原区，冰雪直接融水占总水量的48%，由降水直接形成占52%，总地表径流中河川基流（地下水）占24%，塔里木河流域地表水水资源组成见图1.9。

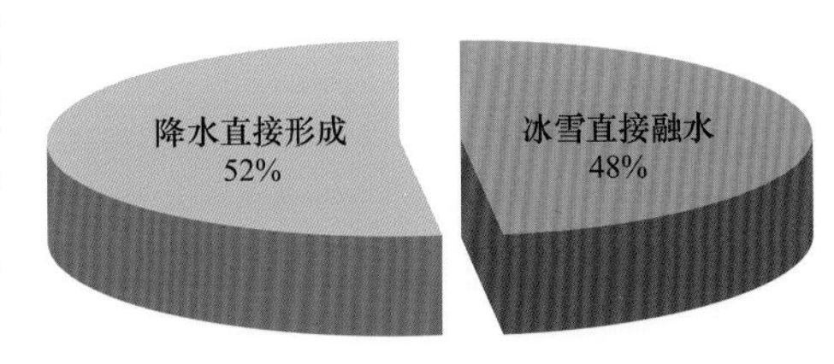

图1.9　塔里木河流域地表水水资源组成图

（2）地表径流的年际变化较小，四源流的最大和最小模比系数为1.36和0.79，而且各河流的丰枯多数年份不同步。

（3）河川径流年内分配不均。6～9月来水量占到全年径流量的70%～80%，大多为洪水，且洪峰高，起涨快，洪灾重；3～5月灌溉季节来水量仅占全年径流量的10%左右，极易造成春旱，汛期和非汛期来水情况见图1.10、图1.11。

平原区地下水资源主要来自地表水转化补给，不重复地下水补给量仅占总水量的6.6%。

图 1.10　汛期来水情况

图 1.11　春灌非汛期来水情况

1.3.2　“四源一干”水质情况

根据 2012 年对塔里木河流域阿克苏河、叶尔羌河、和田河、开都河—孔雀河内 30 个重点河段，3 座水库和博斯腾湖部分水域进行了水质监测评价。Ⅰ类河长占评价总河长的 11.5%，Ⅱ类河长占 78.7%，Ⅲ类河长占评价总河长的 3.0%，Ⅳ类河长占评价总河长的 6.8%；丰水期评价河长 4704km，其中Ⅰ类河长占评价总河长的 19.0%，Ⅱ类河长占 79.6%，Ⅲ类河长占 1.4%；枯水期评价河长 4385km，其中Ⅰ类河长占评价总河长的 14.5%，Ⅱ类河长占 71.0%，Ⅲ类河长占 14.5%，主要河流水质状况如下：

（1）开都河—孔雀河。开都河水质较好，大山口站断面以上全年期及丰水期水质为Ⅱ类，枯水期水质为Ⅰ类，焉耆站断面以上全年期及丰、枯水期水质为Ⅱ类；孔雀河各河段全年期及枯水期水质为Ⅱ类，丰水期水质为Ⅲ类。

博斯腾湖扬水站

（2）阿克苏河。阿克苏河水系中托什干河、库玛拉克河水质优良，契恰尔及协合拉以上河段全年各时段水质均为Ⅰ类，依麻木河段以上全年期及枯水期水质为Ⅰ类，丰水期水质为Ⅱ类；沙里桂兰克站以上河段、阿克苏河全年期及丰、枯水期水质为Ⅱ类。

（3）叶尔羌河。叶尔羌河全年各时段水质均为Ⅱ类；提孜那甫河全年期及枯水期水质为Ⅲ类，丰水期水质均为Ⅱ类。

（4）和田河。和田河源流喀拉喀什河乌鲁瓦提断面以上全年期和枯水期水质为Ⅱ类，丰水期水质为Ⅰ类；玉龙喀什河同古孜洛克断面和春花农场以上河段平均水质为Ⅱ类；和田河肖塔段全年期水质为Ⅳ类，丰水期水质为Ⅱ类。

（5）塔里木河干流。塔里木河干流本年度监测了阿拉尔、新渠满、英巴扎、乌斯满四个河段。年平均及丰水期各河段水质均为Ⅱ类；枯水期阿拉尔、新渠满河段平均水质为Ⅱ类，英巴扎为Ⅲ类。干流水体中矿化度含量沿程增加，超过《农田灌溉水质标准》（GB 5084—2006）中盐碱土地的使用标准。

衰败的生态

1.4 水资源供需矛盾凸显

塔里木河流域“四源一干”区域地跨新疆维吾尔自治区5个地（州）的28个县（市）以及新疆生产建设兵团4个师级单位。1949年塔里木河流域“四源一干”总人口数约155万人，2010年塔里木河流域“四源一干”总人口发展到了977.98万人，人口净增822.98万人，51年中人口的年平均增长率为16‰，较高的人口增长率迫使塔里木河流域“四源一干”需要不断地扩大耕地面积。2010年塔里木河流域“四源一干”总灌溉面积为2547万亩，占南疆的66%，耕地面积为1725万亩，占南疆的67%，人均耕地2.8亩。2010年塔里木河流域“四源一干”工业总产值203.85亿元（当年价），占南疆的51%。其中，开都河—孔雀河流域2010年的工业总产值为105.3亿元，占塔里木河流域“四源一干”的主要工业份额。

随着人口增加、经济社会的发展，水资源的无序开发和低效利用，源流向干流输送的水量逐年减少，五条源流相继脱离干流，与塔里木河干流有地表水联系的只有阿克苏河、叶尔羌河及和田河三条源流，孔雀河通过扬水站从博斯腾湖抽水经库塔干渠向塔里木河下游输水。从20世纪70～90年代，塔里木河下游近400km的河道长年断流，尾闾台特玛湖干涸，大片胡杨林死亡，下游生态环境日趋恶化，部分村庄因缺水整体搬迁至它处，塔河下游废弃的老英苏遗址见图1.12，水资源的过度开发已成为制约流域经济社会和生态环境可持续发展的主要因素。为了挽救塔里木河下游生态，2001年6月国务院批准实施了《塔里木河流域近期综合治理规划报告》，启动了塔里木河流域历史上规模最大的近期综合治理项目。

图1.12 塔里木河下游废弃的老英苏遗址

塔里木河流域供需矛盾主要表现在以下几个方面：

（1）灌溉面积的无限制扩大，致使流域内农业用水矛盾加剧。塔里木河流域近期综合治理项目实施以来，由于流域内流域各用水单位对塔里木河近期治理规划思想和目标的认识还没有完全到位，无视流域水资源的承载能力，以盲目扩大灌溉面积的粗放模式实现经济增长，致使流域灌溉面积大幅增加，大大超过了国务院批准的《塔里木河流域近期综合治理规划报告》提出的规划年灌溉面积，《塔里木河流域近期综合治理规划报告》中流域内各灌区规划灌溉面积为1851万亩。而据中国科学院新疆生地所遥感解译数据显示，2008年仅阿克苏河流域和塔里木河干流沿岸的灌溉面积就比2000年规划实施前增加了300多万亩，整个塔里木河流域项目区比塔里木河流域近期综合治理规划报告提出的灌溉面积增加了600余万亩。增加的灌溉面积主要的是近几年以各种方式新扩大的耕地面积，且仍有继续扩大趋势，耕地面积无限制的扩大，已大大超出流域水资源的承载能力。这新增的600多万亩灌溉面积就需要增加用水量约50亿m^3［$800m^3$/(亩·年)］，不仅将治理项目实施节增出的水量全部耗尽，还占用了原来汇入干流的水量，致使源流实际下泄塔里木河干流的水量不增反减，距离塔里木河流域综合治理的规划目标越来越远。据统计，塔里木河近期综合治理前现状年干流阿拉尔多年平均来水 36 亿 m^3，2008 年却减少到 28 亿 m^3，2009 年仅为 14 亿 m^3，干流下游河道断流半年以上。干涸的阿其克河口分水枢纽见图 1.13。

图 1.13　干涸的阿其克河口分水枢纽

（2）流域内农业用水抢占生态用水，补给生态的水量减少，造成流域生态的持续恶化，农业和生态用水的矛盾凸显。

塔里木河流域综合治理和生态环境保护建设虽然取得了阶段性成效，流域水资源统一管理也不断加强，但不按规划要求无序扩大灌溉面积增加用水，不执行流域水量统一调度管理抢占、挤占生态水，不按塔里木河流域规划确定的输水目标向塔里木河干流输水的现象时有发生，源流实际下泄塔里木河干流水量与塔里木河近期综合治理目标还有较大的差距。塔里木河流域“四源一干”沿岸，分布有天然生态林草植被 6000 余万亩，在近期治理项目实施前由于生态用水量的减少，致使天然生态林草植被大面积的衰败，特别是塔里木河干流中下游的天然林草面积出现严重衰败和大片死亡，通过近期综合治理项目的实施，就是要控制农业灌溉面积，减少农业用水量，增加生态用水量，使天然生态面积逐步得到恢复，但在近期治理项目实施过程中，新增加的耕地不仅占用了通过塔里木河近期治理节水工程实现的节增水量，还占用了塔里木河干流的下游生态用水量。因此，使塔里木河流域农业和生态用水的矛盾凸显。

（3）塔里木河流域干流南岸新兴的石油工业需水量与日俱增，与干流日益增加的农业用水产生矛盾。

塔里木河流域“四源一干”地处南疆油气和工业生产的重要区域，本世纪初，逐渐兴起的由库尔勒至库车县、拜城县一带的塔南工业经济生产重点区域，就分布在塔里木河流域“四源一干”中的阿克苏河和开都河—孔雀河流域内，工业用水量在逐年增长，这部分新增加的工业用水量又与流域内灌区用水紧缺的农业用水产生了用水之争，产生的矛盾日益激化。

(4) 流域内人口数量的剧增，致使城市、农村人口的生活用水增加，加之流域内生活用水的水质问题，导致生活用水的供需矛盾。

21世纪初，流域内人口快速增长，年人口增长率达到了16%，加之流域内城镇化的大力发展，以及新兴城市的建立和石油工业新增的人口数量的增长，使流域内人民生活用水量也在逐年呈上升趋势，个别城市在流域干旱年份生活用水较为紧张。同时，由于流域内水质状况也呈下降趋势，加剧了流域内生活用水的紧张形势，矛盾日益显现。

塔里木河流域管理单位在实施水资源管理时，只负有水资源管理的责任，而没有组织、法律、经济和工程管理的职权，责权分离。当局部利益和整体利益之间发生冲突时，塔里木河流域管理单位的水量统一调度指令显得苍白无力，对流域内水资源实施科学、合理统一调度实际上是难以做到的。加之流域内缺乏权威、高效的管理机制，仅靠协调缺乏约束力，流域水资源统一管理职能无法得到有效实施。

为此，为了改变塔里木河流域各用水单位用水紧张局势，改善流域内特别是塔里木河干流下游的生态环境，完成塔里木河流域近期综合治理目标，就必须加强流域内水资源统一管理，在塔里木河流域内建立水资源统一高效的管理体制。将阿克苏河流域管理局、和田河流域管理局、叶尔羌河流域管理局、开都河—孔雀河灌区管理处四个流域管理单位，统一管理，建立起了流域管理与行政区域管理相结合、行政区域管理服从流域管理体制为核心，深化流域管理体制机制改革，强化流域管理职能，落实最严格流域水资源统一管理制度，建立事权明晰、层次分明、运作规范、政令畅通、统一权威高效的流域水资源管理体制机制，促进流域水资源可持续利用，为流域经济、社会可持续发展和生态文明建设提供支撑。

胡杨林

2

理论基础

2.1 背景及必要性

2.1.1 水资源管理的背景

水资源具有循环可再生性、时空分布不均匀性、应用上的不可代替性、经济上的利害双重性等特点。而循环可再生性是水区别于其他资源的基本自然属性。水资源始终在降水—径流—蒸发的自然水文循环之中，这就要求人类对水资源的利用形成一个水源—供水—用水—排水—处理回用的系统循环。

有关资料显示，到2025年，全世界2/3的人口将受到用水短缺的影响，与世界其他国家相比，我国的水资源短缺问题更加突出，并将随着我国人口高峰期的到来，经济社会的快速发展，缺水形势将更加严峻，目前，我国人均水资源占有量已不足2200m^3，均为世界平均水平的1/4，位列世界第121位，已属于联合国认定的“水资源紧缺”国家。我国水资源不仅总量偏少，而且时空分布极不均，与土地、矿产资源分布和生产力布局不相适应。如占全国国土面积1/3的长江以南地区拥有全国4/5的水资源量，而面积广大的北方地区却仅拥有不足全国1/5的水资源量，其中西北内陆地区水资源量不足全国的4.6%。由于受季风气候的影响，我国降水的年际和年内变化比较大，造成一些地区旱灾频繁发生，水资源供需矛盾日益突出等问题。全国范围内比较普遍的水污染更加加剧了水资源的短缺形势。1991年以来，全国平均每年因旱受灾耕地面积4.12亿亩，占全国总耕地面积的1/5，粮食减产280多亿kg，全国660座城市中有400多座城市缺水，日缺水量达1600万m^3。大量事实证明，对水资源的无节制开发利用，导致江河断流、地下水超采、地面沉降；过度地围湖造地、侵占河道、湖洼，降低了河湖调蓄能力和行洪能力，加剧洪涝灾害；大量污水不经处理排放，超过河湖自净能力，水体污染，水生生物被破坏等，都是人类违背了水资源的自然属性和水资源利用的一般规律，导致水生态系统循环的破坏，最终又转变为水对人类的加剧侵害。

严重的水资源短缺和水环境恶化造成的水危机已成为制约中国可持续发展的瓶颈。从资源与环境管理方面来看，我国水危机出现的主要原因是不合理的水资源利用与环境管理模式。水危机表面上看是资源危机，实质则是治水制度的危机，是水管理制度长期滞后于水治理需求的累积结果。受水循环规律制约，大气降水以分水岭为界按各个流域从地势高的地方逐步向地势低的地方汇集成地表径流和地下径流，并最终以流域的主干河流出口将流域内接纳并汇集的水量注入海洋、湖泊等，以维持蒸发、降水、径流之间的水量动态循环平衡。周而复始的径流过程提示水资源管理者，应对水资源的开发、利用、保护必须关注水资源的流域管理。

2.1.2 水资源管理的必要性

流域管理（watershed management），又称流域治理、流域经营、集水区经营，其概念是：为了充分发挥水土资源及其他自然资源的生态效益、经济效益、社会效益，以流域为单元，在全面规划的基础上，合理安排农、林、牧、副各业用地，因地制宜地布设综合治理措施，对水土及其他自然资源进行保护、改良与合理利用。《中华人民共和国水法》（以下简称《水法》）第十二条规定："国家对水资源实行流域管理与行政区域管理相结合的管理体制。国务院水行政主管部门负责全国水资源的统一管理和监督管理。国务院水行政主管部门在国家的重要江河、湖泊设立的流域管理机构（以下简称流域管理机构），在所管辖的范围内行使法律、行政法规规定的和国务院水行政主管部门授予的水资源管理和监督职责"。《水法》对流域管理机构的法定管理范围确定为：参与流域综合规划和区域综合规划的编制工作；审查并管理流域内水工程建设；参与拟定水功能区划，监测水功能区水质状况；审查流域内的排污设施；参与制定水量分配方案和旱情紧急情况下的水量调度预案；审批在边界河流上建设水资源开发、利用项目；制定年度水量分配方案和调度计划；参与取水许可管理；监督、检查、处理违法行为等。

《水法》确立的"水资源流域管理与区域管理相结合，监督管理与具体管理相分离"的管理体制，一方面是对水资源流域自然属性的认识与尊重，体现了资源立法中生态观念的提升；另一方面是对政府管制中出现的部门利益驱动、代理人代理权异化、公共权力恶性竞争、设租与寻租等"政府失灵"问题的克服与纠正，体现了行政权力制约与管理科学化、民主化的公共管理理念。

由此可见，要实现人与水的协调与和谐，必须根据水的自然属性，把水的利用作为一个完整的系统进行统一管理，协调好供、用、排各环节的关系，在不违背水的自然规律基础上，统一规划、合理布局，以水资源的良性循环再生，实现水资源的可持续利用。因此加强水资源管理势在必行，同时，还需加强流域统一管理，并建立和运用流域生态补偿手段，是破解中国流域生态环境不断恶化、推动流域生态环境保护与重建、实现流域内经济社会与生态环境可持续发展的有效途径。

2.2 流域水资源统一管理的概念

水资源管理的概念，目前学术界尚无统一的规范解释。水资源管理是指水资源开发利用的组织、协调、监督和调度。运用行政、法律、经济、技术和教育等手段，组织各种社会力量开发水利和防治水害；协调社会经济发展与水资源开发利用之间的关系，处理各地区、各部门之间的用水矛盾；监督、限制不合理的开发水资源和危害水资源的行为；制定使水系统和水库工程的优化调度方案，科学分配水量。

汛期洪水泛滥

国内有专家提出：水资源管理（water resources management）是水行政主管部门运用法律、行政、经济、技术等手段对水资源的分配、开发、利用、调度和保护进行管理，以求可持续地满足社会经济发展和改善环境对水的需求的各种活动的总称。当然，对于水资源管理的定义和内容，国内还有专家学者认为：水资源管理是为可支持实现可持续发展战略目标，在水资源及水环境的开发、治理、保护、利用过程中，所进行的统筹规划、政策指导、组织实施、协调控制、监督检查等一系列规范性活动的总称。（摘自：冯尚友. 水资源持续利用与管理导论. 北京：科学出版社，2000）

水资源管理是把自然界存在的有限水资源通过开发、供水系统与社会、经济、环境的需水要求紧密联系起来的一个复杂的动态系统。社会经济发展，对水的依赖性增强，对水资源管理要求愈高，各个国家不同时期的水资源管理与其社会经济发展水平和水资源开发利用水平密切相关；同时，世界各国由于政治、社会、宗教、自然地理条件和文化素质水平、生产水平以及历史习惯等原因，其水资源管理的目标、内容和形式也不可能一致。但是，水资源管理目标的确定都与当地国民经济发展目标和生态环境控制目标相适应，不仅要考虑自然资源条件以及生态环境改善，而且还应充分考虑经济能承受。

随着社会人口的增多，经济的发展，水相对于人的需求供给不足，水具有了经济内涵，此时，人类面临的问题除了干旱洪涝灾害之外，还有水资源短缺。为了增加水资源供给，人类加大了水资源开发力度，在一定程度上缓解了水资源的供需矛盾，但同时也带来了新的问题：生态环境的恶化。目前，人类同时面临着干旱洪涝灾害、水资源短缺、生态环境恶化等多重危机，就必须通过水资源的统一管理来解决这些问题。

解决我国日益复杂的水资源问题，必须坚持节约资源、保护环境的基本国策，实行最严格的水资源管理制度，大力推进水资源管理从供水管理向需水管理转变，从过度开发、无序开发向合理开发、有序开发转变，从粗放利用向高效利用转变，从事后治理向事前预防转变，对水资源进行合理开发、高效利用、综合治理、优化配置、全面节约、有效保护和科学管理，以水资源的可持续利用保障经济社会的可持续发展。根据以上论述，我国水资源统一管理的方式总结如下：

（1）实行用水总量控制，促进水资源可持续利用。根据全国水资源综合规划等成果，明确未来一个时期全国、各流域、各省区、各市县用水总量控制指标，建立流域和区域取水许可总量控制指标，作为需水管理的重要依据，实施流域、区域用水总量控制。各行政区要严格年度计划用水管理，严格取水许可审批和水资源论证，强化取水计量监管，对超过取水总量控制指标的，不再审批新增取水。同时，要积极探索水权流转的实现形式，不断健全水权制度，充分利用市场机制，优化配置水资源。

（2）建设节水型社会，提高用水效率和效益。强化行业用水定额管理，用水效率低于最低要求的，依法核减取水量；用水产品和工艺不符合节水要求的，限制生产取用水。加大重点行业和关键环节的节水力度，在农业领域，继续抓好大中型灌区和井灌区节水改造，大力推广喷灌、滴灌和管灌等先进适用节水灌溉技术，发展现代旱作节水农业；在工业领域，优化调整区域产业布局，重点抓好钢铁、火电、纺织、化工等高耗水行业节水；在城市生活领域，加强供用水管理，提高公众节水意识，大力推广节水器具，减少跑冒滴漏。

（3）强化水功能区达标管理，有效保护水资源。根据不同水功能区的功能定位和水质现状，确定未来一个时期各流域、各省区不同功能区的达标率要求，强化水功能区达标监督管理。按照水功能区目标要求，科学核定水域纳污能力，依法提出限制排污的意见，加强省界和重要控制断面水质监测以及入河排污总量监控。强化饮用水水源地保护和监测，完善突发性供水安全应急预案，保障饮用水安全。严格地下水开发利用总量控制。

浇灌中的天然生态林

(4) 推进河湖水系连通，增强水资源配置能力。从国家层面看，加快南水北调工程建设，构建中国“四横三纵、南北调配、东西互济”的水资源战略配置格局。从区域层面看，加快跨流域调水工程建设，提高区域水资源承载能力。从相邻河湖看，综合采取控源截污、清淤疏浚、生态治理、水系连通、科学调度等措施，恢复河湖生态系统及其功能，构建引得进、蓄得住、排得出、可调控的江河湖库水网体系。

(5) 加强工程科学调度，提高水资源保障水平。针对我国高坝大库日益增多，调蓄功能不断增强的新情况，加强水库调度和梯级水库联合调度，兼顾上下游、左右岸、干支流，正确处理防洪、供水、航运、生态与发电的关系，正确处理社会效益、生态效益与经济效益的关系，保障水库中下游地区生活、生产、生态用水需求。科学确定蓄水时间，向洪水要资源，确保蓄水过程必需的下泄流量，统筹解决蓄水过程与下游用水矛盾。

(6) 抓好水域岸线管理，促进水生态系统修复。制定流域开发和保护的控制性指标，合理确定主要江河、湖泊的生态用水标准，加强水利水电工程生态影响评估论证，保持河流的合理流量和湖泊、水库的合理水位。编制河湖岸线利用规划，划定水域岸线控制利用分区，落实河道分级管理责任。加强涉河建设项目管理，严禁围垦、挤占水域和河道。严厉打击非法采砂活动，严禁乱采滥挖。推进重点江河湖库综合整治，促进水生态系统修复。

(7) 加强水资源统一管理，推进水管理体制改革。继续完善流域管理与行政区域管理相结合的水资源管理体制，加强流域水资源统一规划、配置、调度和管理。加快城乡水务一体化进程，统筹城乡水资源开发、利用、节约、保护和水源地建设、供水节水、排水治污及中水回用等工作，促进水资源的可持续利用。

(8) 务实行业管理基础，提高水资源管理水平。搞好水资源调查评价，及时掌握水资源变化及其开发利用状况。围绕全球气候变化、经济社会发展、水资源可持续利用和生态系统保护，开展水资源重大专题研究，加强实用技术研发和先进成果应用。加快水资源监控体系建设，建立与用水总量控制、用水效率提高、水功能区管理和水源地保护相适应的监控设施和管理平台，为实施最严格的水资源管理制度提供条件。

以上水资源的统一管理应当注重水资源及其环境的承载能力，遵循水资源系统的自然循环规律，提高水资源开发利用效率；并进一步优化配置水资源，在保障经济社会与水资源利用协调发展中，维护水资源系统在时间与空间上的动态连续性，使今天的开发利用不致损害后代的开发利用能力，保证基本生活用水的要求当作人类的基本生存权利；同时需要运用现代科学技术和管理理论，在提高开发利用水平的同时，强化对水资源经济的管理，尤其是发挥政府宏观管理与市场调节的职能作用。

2.3 水资源管理的内容及含义

2.3.1 水资源管理的内容

兴修水利，历来是治国安邦的大事。我国从历史上就比较重视水的管理，只是在水资源开发利用的初期，社会需水量较少时，水资源供需矛盾不突出，水资源管理内容比较简单。随着人口的增长、经济社会的发展，需水量增加，开发利用水资源的规模和程度越来越大，水资源供需矛盾日趋尖锐，水资源及其环境受到人类的干扰和破坏越来越剧烈，需要解决的水资源问题愈发众多和复杂，并随着社会发展和科技进步，人们对水资源问题的认识也在发展深化，水资源管理的领域涉及到自然、生态和经济、社会等许多方面，内容非常丰富。

在水资源开发利用初期，供需关系单一，管理内容较为简单。随着水资源工程的大量兴建和用水量的不断增长，水资源管理需要考虑的问题越来越多，已逐步形成为专门的技术和学科。其主要管理内容有：

（1）水资源的所有权、开发权和使用权。所有权取决于社会制度，开发权和使用权服从于所有权。在生产资料私有制社会中，土地所有者可以要求获得水权，水资源成为私人专用。在生产资料公有的社会主义国家中，水资源的所有权和开发权属于全民或集体，使用权则是由管理机构发给用户使用证。

（2）水资源的政策。为了管好用好水资源，对于如何确定水资源的开发规模、程序和时机，如何进行流域的全面规划和综合开发，如何实行水源保护和水体污染防治，如何计划用水、节约用水和征收水费等问题，都要根据国民经济的需要与可能，制定出相应的方针和政策。

根据国务院确定的水利部“三定方案”规定：“按照国家资源与环境保护的有关法律法规和标准，拟订水资源保护规划；组织水功能区的划分和向饮水区等水域排污的控制；监测江河湖库的水量、水质，审定水域纳污能力；提出限制排污总量的意见。”水质控制与保护管理是为了防治水污染，改善水源，保护水的利用价值，采取工程与非工程措施对水质及水环境进行的控制与保护的管理。

水文监测站点

水资源综合评价与规划既是水资源管理的基础工作，也是实施水资源各项管理的科学依据。对全国流域或行政区域内水资源按照客观、科学、系统、实用的要求，查明水资源状况，在此基础上，根据社会经济可持续发展的需要，针对流域或行政区域特点，治理开发现状及存在问题，提出治理开发的方针、任务和规划目标，选定治理开发的总体方案及主要工程布局与实施程序。

这是水行政主管部门的主要职责，也是水资源管理工作的重要内容。

(3) 水量的分配和调度。在一个流域或一个供水系统内，有许多水利工程和用水单位，往往会发生供需矛盾和水利纠纷，因此要按照源流和干流、上游和下游兼顾和综合利用的原则，科学合理地制定水量分配计划和调度方案，作为正常水资源统一管理运用的依据。遇到水源不足的干旱年，还要采取应急的调度方案，限制一部分用水，按照用水保证的优先顺序，采取有效措施，保证水资源的供给。

(4) 防洪问题。洪水灾害给生命财产造成巨大的损失，甚至会扰乱整个国民经济的部署。我国是个多暴雨洪水的国家，历史上洪水灾害频繁。洪水灾害给人民生命财产造成巨大损失，对整个社会稳定和国民经济发展构成重大威胁。因此研究防洪决策，制定防洪对策，防患于未然，并开展好雨洪水滞纳的利用，对于可能发生的大洪水事先做好防御准备，这也是水资源管理的重要组成部分。在防洪管理方面，除了维护水库和堤防的安全以外，还要防止行洪、分洪、滞洪、蓄洪的河滩、洼地、湖泊被侵占破坏，并实施相应的经济损失赔偿政策，试办防洪保险事业。

(5) 水情预报系统。由于河流的多目标开发，水资源工程越来越多，相应的管理单位也不断增加，同时为了实施科学合理的水量调度管理工作，越来越显示出水情预报对搞好管理的重要性。水资源规划、调度、配置及水量、水质的管理等工作，都离不开准确、及时、系统的自然与社会的水情信息，因此，加强水文观测、水质监测、水情预报，以及水利工程建设与运营期间的水情监测预报，是水资源开发利用与保护管理的基础性工作，是水资源管理的重要内容。

(6) 队伍建设。水资源管理组织和队伍建设是管理的基础和保证，协调调动管理组织和人员的积极性是保障实现水资源管理目标的动力，因此要加强水资源管理技术人才的培养和水资源管理的水行政执法队伍的建设。

2.3.2 水资源统一管理的含义

水资源统一管理的含义是指水资源权属统一管理和与权属管理有关的水资源开发、利用、节约、保护的行政统一管理。关于权属管理在《水法》第三条规定：水资源属于国家所有。水资源的所有权由国务院代表国家行使。在第十二条规定实行流域管理与区域管理相结合的水资源管理体制，国务院水行政主管部门负责全国水资源的统一管理和监督工作，同时还规定了流域管理机构与地方水行政部门的管理与监督职责。要使用开发保护这个资源就要进行资源的统一管理。所以说水资源统一管理是围绕着水资源的权属管理进行的。

这里所说的统一，是以流域为单元的包括自然系统的统一和社会系统的统一。自然系统的统一主要是：水资源管理的统一，地表水与地下水管理的统一，缺水区与丰水区（相对）管理的统一，人类活动与自然生态活动管理的统一，水质与水量管理的统一。社会系统的统一主要是：国家开发政策中跨部门的统一，水资源承载能力与经济社会发展需求的统一，不同区域（上下游、左右岸、城乡）相关利益的统一，水资源相关政策（开发、利用、节约、保护）决策原则的统一，除害、兴利的统一，取用水与排水管埋的统一。

由上可以看出，要对水资源进行统一管理，必须要有统一管理的执行部门，这个部门通常是指江河湖泊的流域机构。流域机构是指水利部按照河流或湖泊的流域范围设置的水行政管理部门，其代表水利部在所辖流域内行使水行政管理权，为水利部派出机构。其特点是打破单纯的行政区划管理，以流域为单元的综合统一管理轨道，事实证明，只有按流域统一管理才可做到保护与合理配置相结合，使上下游的用水单位得到均衡的发展。目前，由我国水利部派出的流域管理机构是长江、黄河、淮河、海河、珠江、松辽水利委员会和太湖流域管理局及其所属管理机构。

2.4　水资源管理的基本要素

水资源管理的三大要素为决策、执行、监督，各有自己的内涵与程序。这三大机能实现的组织构成世界各地多有不同，但完整的水资源管理体系大都包含这三大功能。一般来说水资源管理的决策是从社会总体利益最大的角度来考虑制定的，必须体现社会各方面成员的意见与意志。因此，决策机构多由政府、专家、用水户和热心于公益事业的社会人士构成。现代水资源管理的执行需要很高的专业素质与技能，因此多由专业技术人员构成的专门机构来进行。监督机能则往往表现出公众对水资源管理效果的关注以及与自己利害相关的公益事业的实现程度，因此监督机构多由用水户代表和社会各界人士构成，对决策机构、执行机构的工作效率与成果进行监督，反映自己的意见、意愿。由于这三大机能的不同性质与内涵，其机能实现组织多为三位异体。

广义的水资源管理要素可以包括：

（1）法律要素。包括水资源管理的立法、司法、水事纠纷的调解处理。

（2）行政要素。包括水资源管理的机构组织、人事、教育、宣传。

（3）经济要素。包括水资源管理的筹资、收费。

（4）技术要素。包括水资源管理勘测、规划、建设、调度运行等四方面构成一个以水资源开发（建设）、供水、利用、保护组成的水资源管理系统。

流域水资源的统一管理主要应从全流域水资源管理的角度制定一部专门的法律，以便统一规范流域的经济活动，管理活动和其他不利于流域可持续发展的活动；理顺流域管理中的各种关系；调整在流域自然资源之开发、利用、保护、管理和污染防治活动中产生的社会关系。立法是流域统一管理的基础，从世界范围来看，流域统一管理的立法大都确立了流域管理的目标、原则、体制和运行机制，并对流域管理机构进行授权。

我国流域水资源统一管理的立法可以针对具体国情采用针对专门流域的立法模式，以平衡不同利益要求，实现流域水资源可持续发展目标。具体而言，可以专门制定对我国可持续发展中具有举足轻重的作用流域的法律，如《长江法》、《黄河法》等，这些立法应具有流域管理的统一性，是流域管理的基本立法；同时，又因针对具体流域而具有特殊性。

其内容应包括：立法目的、立法原则、适用范围、权属制度、流域管理体制设置和运行原则、信息公开与公众参与制度、流域管理规划制度、流域水资源保护制度、流域水工程管理、河道管理及防洪管理制度、相关利益方的权利和义务、流域管理的经济措施等。

目前，我国现行法律规定的流域管理体制是“统一管理与分级、分部门管理相结合”，其实质是“统一管理与分散管理相结合”或“流域管理与部门管理和行政区域管理相结合”的管理体制。但现行的流域管理体制已不能满足可持续发展需要，需要建立更为有效的流域管理。

有效的流域管理机构是实施流域管理的体制保证。目前，世界主要国家和地区大都根据相关立法、协议或政府授权建立了流域管理机构。如澳大利亚通过联邦政府与州政府的《墨累—达令河流域动议》建立了墨累—达令河流域部级理事会、流域管理委员会和社区咨询委员会；美国《田纳西流域管理局法》，成立田纳西流域管理局（TVA）；加拿大根据《可持续发展宪章》建立弗雷泽河流域理事会。

流域管理机构作为利益相关方参与的公共决策平台，其权威性往往是各种利益平衡的结果与反映。有效的流域管理机构通常有法定的组织结构、议事程序与决策机制，其决策对地方政府有制约作用。由于我国现行的流域管理体制形成了中央和地方政府的许多部门参与水资源的管理，流域区域利益相关方利益冲突，给流域的城乡供水、水污染防治、水资源及生态保护等工作带来了很多障碍。虽然流域管理机构的权限范围会随着流域问题的演变而有所调整，其权威性也会受到来自地方与部门的挑战，但符合国情与流域特点的流域机构依然是流域统一管理的体制，其保障能够真正起到指导流域水资源有效且可持续利用、流域社会经济可持续发展的重要作用。

因此，建立流域管理体制是流域水资源统一管理的根本，即建立跨行政区域、直接隶属国务院的流域管理委员会，同时，在流域不同区域设立流域委员会的下属执行机构，其主要职责是从全流域角度保护资源，维护流域自然生态系统的健康，促进全流域自然、社会、经济的和谐发展。

2.5 水资源管理的手段

运用行政、法律、经济、技术和教育等手段，对水资源进行开发利用的组织、协调、监督和调度。组织各种社会力量开发水利和防治水害；协调社会经济发展与水资源开发利用之间的关系，处理各地区、各部门之间的用水矛盾；监督、限制不合理的开发水资源和危害水源的行为；制定供水系统和水库工程的优化调度方案，科学分配水量。

水资源管理是在国家实施水资源可持续利用，保障经济社会可持续发展战略方针下的水事管理。涉及水资源的自然、生态、经济、社会属性，影响水资源复合系统的诸方面，因此，必须采用多种手段，相互配合，相互支持，才能达到水资源、经济、社会、环境协调持续发展的目的。法律、行政、经济、技术、宣传教育等综合手段在管理水资源中具有十分重要的作用。依法治水是根本，行政措施是保障，经济调节是核心，技术创新是关键，宣传教育是基础。

2.5.1 法律手段

法律手段是管理水资源及涉水事务的一种强制性手段。依法管理水资源，是维护水资源开发利用秩序，优化配置水资源，消除和防治水害，保障水资源可持续利用，保护自然和生态系统平衡的重要措施。水资源管理一方面要立法，把国家对水资源开发利用和管理保护的要求、作法，以法律形式固定下来，强制执行，作为水资源管理活动的准绳；另一方面还要执法，有法不依，执法不严，会使法律失去应有的效力。

水资源的管理法规分综合性法规和专门性法规两类，水法或水资源法属综合性法规；水土保持法、洪水保险法、水污染防治法和水利工程管理条例等属专门性法规。各种法规按照立法程序由国家颁布执行。而且，运用国家行政权力，成立管理机构，制定管理法规。管理机构的权力为：审查批准水资源开发方案，办理水资源的使用证，检查政策法规的执行情况，监督水资源的合理利用，制定水量分配分案等。

涉及国际水域或河流的水资源问题，要建立双边或多边的国际协定或公约。

2.5.2 行政手段

行政手段主要指政府各级水行政管理机关，依据国家行政机关职能配置和行政法规所赋予的组织和指挥权力，对水资源及其环境管理工作制定方针、政策，建立法规、颁布标准，进行监督协调，实施行政决策和管理，是进行水资源管理活动的体制保障和组织行为保障。行政手段具有一定的强制性质，既是水资源日常管理的执行方式，又是解决水旱灾害等突发事件的强有力组织方式和执行方式。只有通过有效的行政管理才能保障水资源管理目标的实现。

2.5.3 经济手段

水利是国民经济的重要基础产业，水资源既是重要的自然资源，也是不可缺少的经济资源。经济手段是指在水资源管理中利用价值规律，运用价格、税收、信贷等经济杠杆，控制生产者在水资源开发中的行为，调节水资源的分配，促进合理用水、节约用水。经济手段的主要方法包括审定水价和征收水费、水资源费，制定实施奖罚措施等。利用政府对水资源定价的导向作用和市场经济中价格对资源配置的调节作用，促进水资源的优化配置和各项水资源管理活动的有效运作。

它是管好用好水资源的一项重要手段，主要包括：审定水价和征收水费，明确谁投资谁受益的原则，对保护水源、节约用水、防治污染有功者给予资金援助和奖励，对违反法规者实行经济赔偿和罚款。此外还有集中使用水利资金和征收水资源税、超限额用水补偿、生态补偿等措施。

2.5.4 技术手段

技术手段是充分利用科学技术是第一生产力的道理，运用那些既能提高生产率、又能提高水资源开发利用率、减少水资源消耗、对水资源及其环境的损害能控制在最少限度的技术、工程和非工程技术措施、先进的水污染治理技术等，来达到有效管理水资源的目的。许多水资源政策、法律、法规的制定和实施都涉及科学技术问题，所以，能否实现水资源可持续利用的管理目标，在很大程度上取决于科学技术水平。因此，管好水资源必须以科教兴国战略为指导，依科技进步，采用新理论、新技术、新方法。

技术手段就要加强水资源基本资料的调查研究，总结推广国内卓有成效的管理经验，学习采用国外先进的管理技术。此外，还可采用工程措施、现代管理信息系统和水资源系统分析方法，水资源系统分析的方法是实施水资源调配和管理的一个基本方法；水资源管理信息系统通过接收、传递和处理各类水资源管理信息，使管理者能及时实现水资源管理环节之间的联系和协调，实现科学管理。因此，选择最优的开发利用和管理运用和调度方案，乃是水资源管理的发展方向。

2.5.5 宣传教育手段

宣传教育既是水资源管理的基础，也是水资源管理的重要手段。水资源科学知识的普及、水资源可持续利用观的建立、国家水资源法规和政策的贯彻实施、水情通报、实时水情报送等，都需要通过行之有效的宣传教育来达到。同时，宣传教育还是从思想上保护水资源、节约用水的有效环节，它能充分利用道德约束力量来规范人们对水资源的行为。通过报刊、广播、电视、展览会、专题讲座、文艺演出等各种传媒形式，还可以通过一年一度的“世界水日”和“中国水周”的水法宣传，广泛宣传教育，介绍水资源的科普知识，讲解节约用水和保护水源的重要意义，宣传水资源管理的政策法规，使公众了解水资源管理的重要意义和内容，提高全民水患意识，形成自觉珍惜水、保护水、节约用水的社会风尚，更有利于各项水资源管理措施的执行。

2.6 水资源管理的有效措施

世界各国的政治体制、经济结构、自然条件和水资源开发利用程度不尽相同，但各国政府在水资源管理方面却有一系列很相似的措施。

（1）强调水资源的公共性。鉴于水具有流动性、多功能性以及地表水、地下水、大气水、海洋水之间的相互转化性等特点，世界上大多数国家都强调水资源的公共性。强调水的公有性的实质，是为了消除各种以牺牲更大的社会利益为代价追求狭义的个人利益最大化的行为，提高水资源的配置效率，协调水资源利用上的公平与效率的关系，坚持水利共享、水害共当的原则。

（2）实行流域水资源统一管理。世界各国大多都强调水资源的统一管理。据联合国亚太经社理事会第13次自然资源委员会资料，在22个成员国中，已有13个国家设立了水资源统一管理和综合管理机构，另有6个国家正在筹建这种机构。从各国实践看，水资源的统一管理包括地表水和地下水、水量和水质、工农业用水和城乡用水等各个方面，并通过立法予以明确的规定。

（3）实行水权登记和用水许可制度。世界各国大多以用水许可制度和水权等级制度为切入点，规定水资源开发利用的方向并对用水量进行管理。各国实施的水权登记和用水许可制度，通常包括下列内容：实施水权登记和用水许可的程序、范围；许可用水的条件、期限，用水权的等级及用水权丧失、废止或转让的规定，以及有关奖励和处罚的原则等。

在用水优先权中，生活用水总是等级最高的权利。当水资源不能满足所有需求时，水权等级低的用户必须服从于水权等级高的用户的用水需要。西班牙的规定是：首先依照优先用水权的顺序供水；在优先用水权相同的情形下，依照用水的重要性或有利性的顺序供水，在重要性或有利性相同的情况下，先申请者享有优先权。日本的规定是：对于两个以上相互抵触的用水申请，审批效益大者，不再考虑先提出者优先许可的传统做法。显然，在缺水时期，等级较低的用水权很可能根本得不到水，或可用的水比所需的水少得多。

（4）将节水和水资源保护工作放在突出位置。随着水资源供需矛盾的日益突出，世界各国对节水技术的重视程度越来越高。具体措施包括：利用各种传媒进行宣传，树立全民的节水意识；政府要求企业配置污水处理系统，提高水的重复利用率；采用流量测定法、探声测定法等技术对管道进行维修管理，减少跑、冒、滴、漏损失；研制并采用免费安装方式推广节水型龙头，不改装而仍超量用水实行加价罚款。

水资源保护也是如此。针对地下水超采严重，引起地面沉降、咸水入侵、地下水质退化等问题，采取了一系列措施：颁发水井建设和废井处理规范；对地下水进行回补；控制抽取量，地表水与地下水联合运用，监测水质，处理排放物，限制使用化肥、农药等，以保护地下水水质；在发生海水入侵地区建造各种防水屏障，以防止海水向地下水层运动。

（5）加强水的立法。世界各国都在加强水的立法工作。立法内容涉及水资源开发、保护、水污染防治、水资源规划、水灾防治、水质保护、水纠纷调处等各个方面。许多国家水资源管理机构的设立和职能的授予，也多以立法形式确定，例如英国，根据1930年土地排水法成立了流域委员会，根据1948年江河流域委员会法案把它改为江河委员会，根据1973年水法案又改为水管理局。

2.7 水资源管理的目标及原则

2.7.1 水资源管理的目标

水资源管理的目的是提高水资源的有效利用率，保护水资源的持续开发利用，充分发挥水资源工程的经济效益，在满足用水户对水量和水质要求的前提下，使水资源发挥最大的社会、环境、经济效益。

具体地说，水资源管理是改革水资源管理体制，建立权威、高效、协调的水资源统一管理体制；以《水法》为根本，建立完善水资源管理法规体系，保护人类和所有生物赖以生存的水环境和水生态系统；以水资源和水环境承载能力为约束条件，合理开发水资源，提高水的利用效率；发挥政府监管和市场调节作用，建立水权和水市场的有偿使用制度；强化计划节约用水管理，建立节水型社会；通过水资源的优化配置，满足经济社会发展的需水要求，以水资源的可持续利用支持经济社会的可持续发展。

在一个流域或区域的供水系统内，要按照上下游、左右岸、各地区、各部门兼顾和综合利用的原则，制定水量分配计划和调度运用方案，作为正常运用的依据。遇到水源不足的干旱年份，还应采取应急措施，限制一部分用水，保证重要用水户的用水，或采取分区供水、定时供水等措施。对地表水和地下水实行统一管理，联合调度，提高水资源的利用效率。

2.7.2 水资源管理的原则

水资源属于国家所有，在开发利用水资源时，水资源管理应当实现经济、社会、生态环境效益最大化，为了水资源的开发利用维护生态平衡，水资源管理应有利于改善和修复生态环境，有利于经济社会的可持续发展，同时按照自然规律和客观规律，水资源管理应坚持兴利与除害并重，开发与保护同步，地表水与地下水、水量与水质统一，开源与节流结合，节流优先、治污为本的原则，对水资源实施全面规划、统筹兼顾、综合利用，充分发挥水资源的多种功能，协调好生活、生产经营和生态环境用水的关系。现代的水资源管理遵循以下基本原则：

(1) 效益最优。对水资源开发利用的各个环节（规划、设计、运用），都要拟定最优化准则，以最小投资取得最大效益（见水资源规划）。

(2) 地表水和地下水统一规划，联合调度。地表水和地下水是水资源的两个组成部分，存在互相补给、互相转化的关系，开发利用任一部分都会引起水资源量的时空再分配。充分利用水的流动性质和储存条件，联合调度地表水和地下水，可以提高水资源的利用率。

(3) 开发与保护并重。在开发水资源的同时，要重视森林保护、草原保护、水土保持、河道湖泊整治、污染防治等工作，以取得涵养水源、保护水质的效应。

(4) 水量和水质统一管理。由于水源的污染日趋严重，可用水量逐渐减少，因此在制定供水规划和用水计划时，水量和水质应统一考虑，规定污水排放标准和制定切实的水源保护措施。

《水法》是我国水资源管理的重要的法律依据，也标志着我国依法治水、管水、用水、保护水进入了一个新阶段。水资源管理应遵循的基本原则是：

(1) 水资源属国家所有，在开发利用水资源时，应满足社会经济发展和生态环境最大效益。

（2）开发利用水资源，一定要按照自然规律和客观规律办事，实行“开发与保护”、“兴利与除害”、“开源与节流”并重的方针。

（3）水资源的开发利用要进行综合科学考察和调查评价，编制综合规划，统筹兼顾，综合利用，发挥水的综合社会效益。

（4）水资源的开发利用，要维护生态平衡。

（5）要提倡节约用水，计划用水，加强需水管理，控制需水量的过速增长。

（6）加强取水管理，实施取水许可制度。

（7）征收水资源费，加强水价管理和水行政管理，对水资源实行有偿使用。

（8）加强能力建设。

总之，水资源统一管理的原则应遵循“五统一、一加强”，即坚持实行统一规划，统一调度，统一发放取水许可证，统一征收水资源费，统一管理水量水质，加强全面服务的基本管理原则。

2.8 国外水资源管理情况

为保证水资源的合理配置和可持续利用，许多国家都在转变其水管理理念，实施可持续的水管理政策。这里，分别介绍加拿大、德国、澳大利亚、俄罗斯、英国、美国和以色列的水资源管理改革情况。

加拿大：“可持续水管理”。虽然该国的水资源十分丰富，但政府仍很重视水资源的保护和永续利用。水资源的管理经历了一个从“水开发”（强调开发水资源的工程建设）、“水管理”（强调水资源的规划）和“可持续水管理”（强调水资源的可持续利用）三个阶段。在“可持续水管理”阶段以前，水被作为一种消费性资源；进入“可持续水管理”阶段后，开始强调水的非消费性价值，着眼于构筑支撑社会可持续发展的水系统。为了加强水资源的集中、统一管理，联邦和省级政府成立了专门的水管理机构（隶属环境保护部门）。政府在水管理方面采用的主导方法是生态系统方法，这种方法强调水资源系统的各组成要素及其与人、社会、经济和环境的关系，做出水管理决策依赖越来越多的学科。同时，政府还十分重视水管理决策信息的多元化，有关部门在积极开展水资源可持续利用公共教育的同时，也引导社会各阶层的成员参与水管理决策，大力推行水管理决策信息的社会化。决策信息的多学科化和社会化，正促使加拿大水管理决策越来越合理、公平和得以高效地执行。

德国：依法治水。实施的是一体化的水管理政策。水资源的管理主要由联邦环境部负责，承担防洪、水资源利用、水污染控制（污水处理、水质监测、发布水质标准等）等职能，但饮用水的管理归卫生部负责。德国水管理的主要特点是依法治水。法律规定，河流流域、湖泊及海洋的水上警察不仅负责水上交通事务，也承担保证水质安全的责任。各州的法律也对水管理作出具体规定。例如，对抽取地下水收取一定的税收。

澳大利亚：实施用水执照管理。该国是世界上最干旱的大陆之一，如何对付水短缺一直是这个国家面临的严峻问题。为了实现水资源的可持续利用和管理，政府成功地运用了流域综合水资源管理体制（莫累河与达令河流域管理委员会是世界上最大的流域综合管理联合体)，并实施用水执照管理制度。澳大利亚将其水资源分为发展用水（生产生活用水）和环境用水（生态用水）。过去，生态用水不被重视，造成生态系统得不到基本的水源，直接威胁到生产生活用水。1995 年的水制改革，将保证生态用水作为法律规定下来，每个流域经测试后确定多少生态用水必须得到保证。至于生产生活用水，则通过水执照来管理。水执照体现的水权可以买卖，用户可以将自己的用水分额出售给他人。水制改革大大促进了用户进行节水和水的循环使用。据估计，水制改革使农业用水量下降了 75%。在城市，水费制度经过几次改革日臻完善：从按人头平均收费到按财产收费，再到按用水总量配额进行管理。就是说，用户即使很有钱，也不能随意消耗水。对于水污染的处理，是按照政府和企业之间的合同关系，由企业来负责的（垃圾处理也是如此）。在大城市，几乎 100%的污水得到了处理。

俄罗斯：水资源使用者及排污者付费。该国可持续水管理的要点：一是限制或规定用水额度以及污水的最大允许排放量。不论所排污水的危害程度如何，均要将其减至最低程度。二是当今水利工程设施规模宏大，建设投资巨大，水资源使用者及排污者应当偿还并赔付这些费用。三是恢复水源地，保持水源的储量和质量。既要保证生产生活用水，也要改善自然水源的生态环境。联邦政府要求水源各流域制定 15～20 年的水管理目标规划，并分若干阶段实施。规划要求通过降低直至停止排污来恢复自然水源的水质，提出有关径流、流量、水位等特定要求，对用水者提出用水量要求，建立流域水管理体系的经济～数学模型，确定流域水管理体系的发展参数。在此基础上，制定年度或阶段性计划。

英国：设立流域委员会集中管水。针对供水和水污染问题，英国通过立法不断改进水资源的取水许可权管理和水资源的开发利用与保护工作，逐步完善管理体制，由过去的多头分散管理基本上统一到以流域为单元的综合性集中管理，逐步实现了水的良性循环。在较大的河流上都设立流域委员会、水务局或水公司，统一流域水资源的规划和水利工程的建设与管理，向用户供水，进行污水回收与处理，形成“一条龙”的水管理服务体系，使水资源在水量、水质、水工程、水处理上真正做到了一体化管理。为满足水量水质要求，取水必须事先得到许可，污水必须经过处理达到法定的标准才能排入河流和湖泊。

美国：强调水资源的综合利用。各州对水资源的管理存在较大差异。但总体上讲，美国对水资源的管理注重统一性和综合性，强调从流域甚至更大范围对水资源的统一管理，强调水资源的综合利用，不仅重视水资源的开发利用对经济发展的影响，也重视对其他资源和生态环境的影响。一个典型的模式是田纳西模式。田纳西河是美国一条重要的河流，历史上曾经是水旱灾害频繁、水土流失严重、经济非常落后的地区。1933 年，联邦政府通过一项法律，决定成立田纳西流域管理局，并授予其规划、开发、利用田纳西河流域各种资源的广泛权利，对整个流域进行综合治理、统一规划、统一开发、统一管理。经过 10 年的努力，田纳西流域管理局修建了 31 座水利工程，建设了 21 座大坝，控制了洪水，扩大了灌溉，发展了航运，开发了电力，同时通过植树造林、防治水土流失等措施，改善了生态环境。通过综合治理，极大地促进了当地经济的发展，10 年间流域居民的平均收入提高了 9 倍，创造了举世赞誉的田纳西奇迹。

以色列：集中统一的管理体制。该国的缺水和治水都是举世闻名的。政府对水资源管理的最大特点，是集中统一的管理体制。依据 1959 年颁布的《水法》，政府对水资源的管理实行部长负责制，由农业部长全权负责对全国水资源的管理工作，同时成立了由农业部长直接领导的“国家水委会”作为政府对全国水资源的保护与开发利用进行统一管理的行政机构。水资源开发许可证是政府依据《水法》和《水井控制法》等法规于 20 世纪 50 年代开始实施的，是保护水源的主要措施。许可证制度要求，任何对水资源的开发行为必须得到水委会的许可后进行，水的开采量、开采方式和生产条件等均由水委会根据水资源和周围环境的状况、开发计划等因素来确定。开发者必须按照水委会制定的各项要求来开发生产，否则水委会有权收回开发许可证。

2.9 国内外水资源管理体制情况

2.9.1 国外水资源管理体制

（1）美国的田纳西河流域管理制度。田纳西河是美国东南部俄亥俄河的最大支流，流域面积 10.5 万 km^2，涉及美国 7 个州，但是流域淤沙沉积，大多数有价值的矿产资源被盲目掠夺，土地严重荒漠化和风化，经常发生洪涝灾害，造成了相当大的生态问题。1933 年美国颁布了《田纳西河流域管理局法》，并成立了权威性的流域管理机构“田纳西河流域管理局”（TVA）。该法规定流域管理局是个政府机构，负责田纳西河流域防洪、航运、灌溉等综合开发和治理。同时，法律授予该流域管理机构很大的行政管理权力并明确与其他机构的关系，使管理局能有效、顺利的行使职责。由于有法律的专门授权，使得田纳西河流域管理局能够根据本流域的资源状况、充分考虑开发工程所必须适应的长期发展要求，制定包括防洪、发电、航运、灌溉、农业生产、环境保护等内容的综合性的长期开发方案，同时，协调产业经济与环境保护之间的关系，取得了巨大的成就。

(2) 法国的流域管理委员会制度。法国于1964年颁布了水法，建立起高效率的水资源管理系统。这个系统被誉为世界上比较好的水资源管理系统之一，其显著特点是将全国按河流水系分成六大流域，成立流域管理委员会。首先将水当作水的汇集系统的整体进行管理，以河流域为单位，按照流域面而不是按行政区进行管理。由于运用了这个系统，法国河流的生态状况有了显著的改善，甚至在人口特别密集的巴黎地区，饮用水源的质量也能满足现代的要求。

(3) 英国的泰晤士河水务局。英国于1974年成立的泰晤士河水务局是一个综合性流域管理机构。依照1973年英国颁布的水法，它负责流域统一治理和水资源统一管理，包括水文站网建设、水文水情监测预报系统的管理、城市生活和工业供水、下水道、污水处理、防洪、水产、水上娱乐等河流管理所有方面的内容，并有权确定流域水质标准，颁发取水和排水（污）许可证，制定流域管理规章制度，是一个拥有部分行政职能的非盈利性的经济实体。

2.9.2 国内水资源管理体制

1988年颁布的《水法》当中规定“国家对水资源实行统一管理与分级、分部门管理相结合的制度。国务院水行政管理部门负责全国水资源的统一管理工作。国务院其他相关部门按照国务院规定的职责分工，协同国务院水行政主管部门，负责有关的水资源管理工作。县级以上地方人民政府水行政主管部门和其他部门，按照同级人民政府规定的职责分工，负责有关的水资源管理工作。”因此，此时确立的是“统一管理与分级、分部门管理相结合”的水资源管理制度，实质上仍是以区域为单元的水资源管理制度。

2002年新修订的《水法》规定“国家对水资源实行流域管理与行政区域管理相结合的管理体制。国务院水行政主管部门负责全国水资源的统一管理和监督工作。国务院水行政主管部门在国家确定的重要江河、湖泊设立的流域管理机构（以下简称流域管理机构），在所管辖的范围内行使法律、行政法规规定的和国务院水行政主管部门授予的水资源管理和监督职责。县级以上地方人民政府水行政主管部门按照规定的权限，负责本行政区域内水资源的统一管理和监督工作。”因此，此时确立的是流域管理和行政区域相结合的水资源管理体制。

通过对中外有关水资源管理体制的比较可以得知，在目前，对水资源实行流域管理是很多国家所普遍采取的一种方式。当然，不同国家采取的具体模式可能有所不同，正如上文所述的美国、法国和英国的流域管理模式就有区别。就我国而言，建立一个垂直领导并具有一定权力的流域管理机构是解决目前水危机的必由之路。

2.10 我国目前水资源管理要求

2007年国务院在《中国应对气候变化国家方案的通知》中提出：加强水资源统一管理，以流域为单元实行水资源统一管理，统一规划，统一调度；根据国家的要求，在全国实行最严格的水资源管理制度，确立水资源开发利用控制、用水效率控制和水功能区限制纳污“三条红线”，从制度和政策上推动经济社会发展与水资源水环境承载能力相适应。

针对中央关于水资源管理的战略决策，国务院发布的《关于实行最严格水资源管理制度的意见》，作出了全面部署和具体安排。这是指导当前和今后一个时期我国水资源工作的纲领性文件。对于解决我国复杂的水资源水环境问题，实现经济社会的可持续发展具有深远意义和重要影响。明确提出了实行最严格水资源管理制度的指导思想、基本原则、目标任务、管理措施和保障措施。主要内容概括来说，就是确定“三条红线”，实施“四项制度”。

“三条红线”的主要内容是：

（1）确立水资源开发利用控制红线，到2030年全国用水总量控制在7000亿m^3以内。

（2）确立用水效率控制红线，到2030年用水效率达到或接近世界先进水平，万元工业增加值用水量降低到40m^3以下，农田灌溉水有效利用系数提高到0.6以上。

（3）确立水功能区限制纳污红线，到2030年主要污染物入河湖总量控制在水功能区纳污能力范围之内，水功能区水质达标率提高到95%以上。为实现上述红线目标，进一步明确了2015年和2020年水资源管理的阶段性目标。

“四项制度”的主要内容有：

（1）用水总量控制。加强水资源开发利用控制红线管理，严格实行用水总量控制，包括严格规划管理和水资源论证，严格控制流域和区域取用水总量，严格实施取水许可，严格水资源有偿使用，严格地下水管理和保护，强化水资源统一调度。

（2）用水效率控制制度。加强用水效率控制红线管理，全面推进节水型社会建设，包括全面加强节约用水管理，把节约用水贯穿于经济社会发展和群众生活生产全过程，强化用水定额管理，加快推进节水技术改造。

（3）水功能区限制纳污制度。加强水功能区限制纳污红线管理，严格控制入河湖排污总量，包括严格水功能区监督管理，加强饮用水水源地保护，推进水生态系统保护与修复。

（4）水资源管理责任和考核制度。将水资源开发利用、节约和保护的主要指标纳入地方经济社会发展综合评价体系，县级以上人民政府主要负责人对本行政区域水资源管理和保护工作负总责。

塔里木河流域管理单位当前需要解决塔里木河流域内“三条红线”控制目标的主要要求是：

（1）控制流域内农业用水量，要积极采取措施控制用水量，确保达到2020年新疆农业用水量占比下降到90%以下的要求。

（2）促进流域内政府以水资源的承载能力确定合理的发展目标，要不断向流域行政主管部门反馈水资源方面的信息，特别是警示性的信号，促进流域内用水单位行政决策的理智性。

（3）保护塔里木河自然水生态环境，积极推进流域内水生态系统的保护与修复，维持塔里木河流域内河流合理流量和湖泊、水库以及地下水的合理水位，维护流域内河湖健康。

（4）在流域内严格按照水资源控制指标，实施流域内限额用水指标管理，同时充分做好流域内水资源控制指标的日常监督管理工作，做好流域内地方政府与生产建设兵团单位协调沟通工作。

（5）要严格把好流域管理范围内的地下水开采审批关，地下水超采区或者处于超采临界区域，实行“零”打井制度，禁止新增取用地下水。

（6）要加强流域内规划和建设项目水资源论证工作，对超用水地区实行限批制度，严格流域内的水资源管理。

3

统一管理体制和运行机制的建立

3.1 背景和必要性

3.1.1 我国水资源统一管理的体制的背景

随着我国经济社会的高速发展，出现了较为严重的水资源短缺、生态环境恶化等问题，迫切需要对江河流域水资源进行统一管理。根据《水法》，我国的水资源管理体制是流域管理与行政区域管理相结合的管理体制。流域与行政管理相结合的结果仍然是水资源流域管理服从于行政管理，依然不能解决日益严重的水危机问题。因此，我国水资源统一管理的体制问题存在下列几方面：

（1）实行流域管理和行政区域管理相结合的管理体制，必然会导致“以地方行政区域管理为中心”的分割管理状态的出现。据经济学当中的公共选择理论认为，各级政府在市场上也是一个“经济人”，也要追求利益最大化。在市场经济的条件下，由于经济利益的驱动，流域的各地方政府为了各自的利益，势必会对流域自然资源、自然环境的开发、利用和保护方面的统一管理产生不同程度的抵触，势必会“充分”地利用其在流域行政区域管理方面的权力，大力开发和利用其行政区域内的流域自然资源和自然环境，为本地方社会经济的发展谋取利益，而不会自觉地、主动地从全流域的利益、从流域可持续发展的角度来开发、利用本行政区域内的自然资源和自然环境。

（2）流域管理实际是一个如何设置水行政管理体制和划分职权的问题。我国的水行政过去总是跟着行政建制走，行政区划就是水权地界，无形中河流、水系被“腰斩”，相有悖于水性，严重违反自然规律。其结果是流水在地理上被切割成块，水管理机构受行政权控制要为地方服务，再加上各部门的功能性管理，权力交叉，范围不清，职责相互纠缠，难免促成灾难的发生。在黄河、塔里木河、黑河等就因此产生了断流，水在上、中、下游各有其主，上游以地势之利在其“辖区”理直气壮地用水，导致下游断流，下游生态恶化，暴露出调控体制的不适应性。当然断流还有其他自然因素的影响，但河流缺乏统一管理和调度是不容忽视的因素。

（3）由于对水资源的管理实质是按行政规划进行的管理，因而，将取水、用水、排水、治理等过程人为分割，打破了水资源利用与保护的自然循环，以至于水源地不管供水，供水的不管治水，治污的不管回用，或者说是污染管理者、资源开发者与排污者相脱

断流的河床

节，管理者收费不治理，资源开发者既要开发又要治理，排污者只交费什么都不管，其结果是水资源得不到有效保护，最终导致水危机。

以流域与行政区划相结合的管理体制不可能根据水资源的自然循环规律和水资源的总体状况进行科学合理分配和管理社会城乡用水，难以做到从水源的丰枯调度、地表水和地下水联合使用，难以进行城市自来水管理、城市排水与污水回用等各个环节进行统一规划、科学调度。同时，由于部门管理的条块分割，难于形成取水、供水、排水、治污、污水回用的连续管理，最终导致一方面水资源严重短缺。

3.1.2 塔里木河流域水资源统一管理的体制的背景

塔里木河流域水资源统一管理的体制主要体现在下列方面：

（1）塔里木河流域内缺乏行之有效的水资源管理体制，难以达到流域水资源的真正统一管理。在塔里木河流域管理单位成立于1992年之前，源流的各用水单位均成立了各自的流域管理机构，而且一条河流上有两个（兵团和地方）管理机构，负责源流的水资源管理和灌区供用水管理，河流上提引水工程的管理权、使用权全部掌控在各用水单位手中。现行的管理体制将塔里木河流域水资源多元分割，源流的各用水单位实际上既是源流水资源的使用者，又是水资源的管理者，权利相对独立，使本应一体化统一管理的流域水资源，形成水资源管理主体多元化、各自为政的现实。在实施水资源管理时，塔里木河流域管理单位负有水资源管理的责任而没有组织、法律、经济和工程管理的职权，责权分离。而且流域内对塔里木河近期治理的认识还没有完全到位，忽略流域水资源的承载能力，以盲目扩大灌溉面积的粗放模式实现经济增长，致使流域灌溉面积大幅增加，目前，已大大超过了国务院批准的《塔里木河近期综合治理规划报告》（以下简称《规划报告》）提出的规划年面积，《规划报告》中由各用水单位上报的规划灌溉面积为1851万亩。据遥感解译数据显示，2008年仅阿克苏河流域和塔里木河干流沿岸的灌溉面积就比2000年规划实施前增加了300多万亩，整个流域项目区比规划报告提出的灌溉面积增加了600多万亩。增加的灌溉面积主要的是近几年以各种方式新扩大的耕地面积，且仍在继续扩大，已大大超出流域水资源的承载能力。当局部利益和整体利益之间发生冲突时，塔里木河流域管理单位的水量统一调度指令执行的难度较大，对流域内水资源实施科学、合理统一调度实际上是很难做到的。加之流域内缺乏权威、高效的管理机制，仅靠协调缺乏约束力，流域水资源统一管理职能无法有效实施。

这种不按规划要求无序扩大灌溉面积而增加用水，不执行流域水量统一调度管理抢占、挤占生态水，不按塔里木河规划确定的输水目标向塔里木河输水的现象，使源流实际下泄塔里木河干流水量不增反减，不仅占用了通过塔里木河近期治理节水工程实现的水量，还占用了原来的河道下输生态水量。特别是 2008 年，源流下泄塔里木河水量比治理前还减少了 7.77 亿 m^3，距离规划目标还相差 18.1 亿 m^3。若不进一步加强流域综合治理和强化全流域统一管理，国务院确定的塔里木河流域近期综合治理目标将难以实现，也将会影响流域经济社会与生态环境协调可持续发展。

塔里木河流域项目已基本结束，但按照国家的要求实现塔里木河近期治理目标，任务十分艰巨，形势也非常严峻。上述问题已引起国家、自治区的高度重视和社会各界的广泛关注。2009 年在塔里木河流域水利委员会（以下简称塔委会）召开的第十二次会议上，明确提出："流域各用水单位一定要以一种坚定的态度和强劲的措施把面积控制住，坚决制止非法开荒，超限额用水的，要坚决把地退出来，退耕还水"。为此 2009 年 11 月后，又进一步采取措施，提出要强化塔里木河流域的统一管理，建立全流域统一管理的有效体制，建立超计划用水、挤占生态用水等补偿机制，尽快实施向塔里木河下游生态输水，确保实现塔里木河近期治理目标。

塔里木河治理要实现规划目标，不仅要在资金投入和项目建设上认真按规划实施，同时在控制灌溉面积，加强限额用水，建立和完善体制机制、水价体系和法规体系等方面也要按规划要求认真落实。也就是说，只有工程措施和非工程措施同时实施、整体推进，才能实现规划目标。因此，塔里木河流域对水资源实行统一的管理和节约就显得尤为重要。

（2）流域内各用水单位的用水矛盾突出，实现综合治理目标任务较难。塔里木河流域地跨南疆 5 个地（州）的 42 个县（市）和兵团 4 个师级单位，国民经济与生态系统之间、地区间和部门间用水矛盾尖锐，流域内整体与局部、源流与干流、上游及下游关系协调和利益调整极为复杂。而塔里木河三源流（阿克苏河流域、叶尔羌河流域、和田河流域）是新疆贫困县较为集中的区域，当地国民经济发展和脱贫致富的主要途径是发展农业，而发展农业必然需要加大水资源的开发力度和利用水平。因此，塔里木河源流在大力发展绿洲经济、灌溉农业的同时，与塔里木河下游的生态环境形成了一对难以解决的矛盾。

塔里木河流域深居内陆，气候干旱，降水稀少，蒸发强烈。20 世纪 50 年代以来，随着流域内人口的增加，社会经济活动日益活跃，各行各业的用水量不断增加，致使流域的水资源紧缺问题日益凸显，主要表现在：一是地表水引用过度；二是干旱缺水和水资源利用率低并存；三是干流水资源极为匮乏和时空分布不均。

特别是进入 20 世纪 80 年代以来，随着人口增急剧增加和经济社会快速的发展，水资源的过度无序开发和低效利用，致使源流向塔里木河干流输送的水量逐年减少，干流枯水季节水质不断恶化，下游 320km 的河道断流长达 20 年，成片胡杨林衰败枯亡（见图 3.1），土地沙化（见图 3.2），沙漠侵移，沙进人退，尾闾台特玛湖干涸，绿色走廊濒临毁灭，生态环境日趋恶化。塔里木河干流水资源短缺的问题，迫切需要上游四源流提高水资源的利用率并增加下泄塔里木河干流水量。

图 3.1　塔里木河下游枯死的胡杨树

图 3.2　日益沙化的土地

源流既是水资源的使用者，又是水资源管理者，两者合一的现行水管体制已不符合流域经济社会全面协调可持续发展的要求，管理体制不顺是流域水资源不能合理配置、影响规划目标实现的症结所在，必须改革现行的水管体制。塔里木河流域是一个资源性缺水的流域，各自为政的水管体制无法实现水资源统一管理。源流抢占先机，无视下游，大规模开荒扩大耕地面积，最终使塔里木河规划目标无法实现。要改变这种状况，必须改变塔里木河流域管理单位只管干流、不管源流的现状，源流不放水，干流就是一条干沟，干流管理就没有实质意义。只有管住了源流，才抓住了水资源统一管理的“牛鼻子”。现行体制不改革，流域管理局的存在的意义也就不大。

塔里木河近期治理已基本结束，实现规划目标已迫在眉睫。同时建立流域水资源统一高效的管理体制既符合国家法律、法规、政策，在机构、编制、经费来源等方面也已经具备条件。因此，建立流域水资源统一高效的管理体制是形势所迫，形势所需，势在必行，是经济社会和生态环境协调发展的关键，塔里木河流域的水资源是流域水资源统一管理势在必行。

3.2 管理体制和运行机制建立

3.2.1 历史上管理体制的基本情况

我国现行的流域管理体制形成了中央和地方政府的许多部门参与水资源的管理，流域区域利益相关方利益冲突，给流域的城乡供水、水污染防治、水资源及生态保护等工作带来了很多障碍，造成水资源低效管理。虽然流域管理机构的权限范围会随着流域问题的演变而有所调整，其权威性也会受到来自地方与部门的挑战，但符合国情与流域特点的流域综合管理体制是指导流域水资源有效且可持续利用、流域社会经济可持续发展的重要作用。

塔里木河流域流经不同的区域，行政区域的边界与流域的分水岭不重合，各源流又分属两个或两个以上的行政管理区域，而且同一行政区域又跨越不同流域，关系相当复杂。区域管理具有明显的从上到下的分级和分区管理的特征，而自然流域因水而成，整体地刻画水流动的范围。流域管理则具有水管理的整体性，符合水流动的自然属性，能更好地协调对水资源和水环境的保护。虽然，理论上水资源属于国家所有，但是降水的随机性以及水的流动性使得水资源从一个区域运移到另一个区域，从而导致了水资源在不同区域间的所属以及开发利用等方面存在着很多纷繁复杂的矛盾。

流域管理的重点集中于生态用水和环境用水的管理，即以流域为单元确定流域的生态需水量及流域的纳污能力，并对污水排放及污水资源化进行管理。区域管理的重点集中于生活用水和生产用水方面的管理，管理目标是优先满足生活用水的前提下高效配置水资源。流域的水资源管理职责将突出在防止水污染、改善生态环境。区域的水资源管理职责突出于促进各产业间充分利用水资源，为社会创造更大的效益。具体流域水资源管理目标见图 3.3。

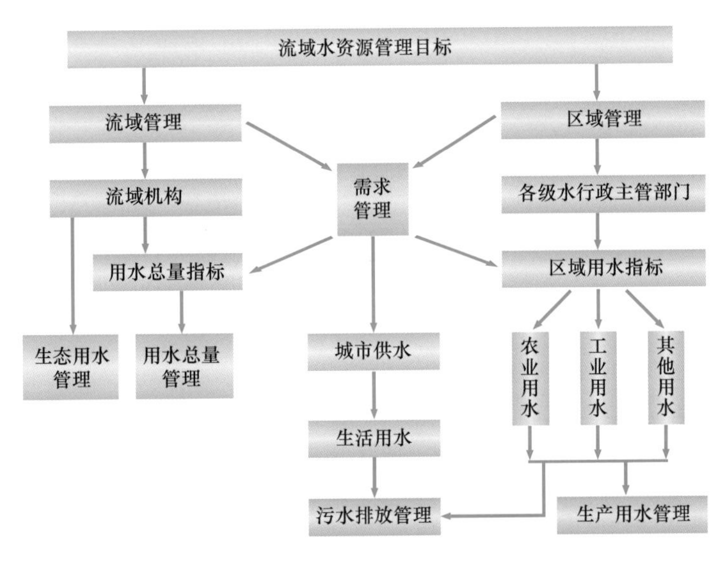

图 3.3 流域水资源管理目标框图

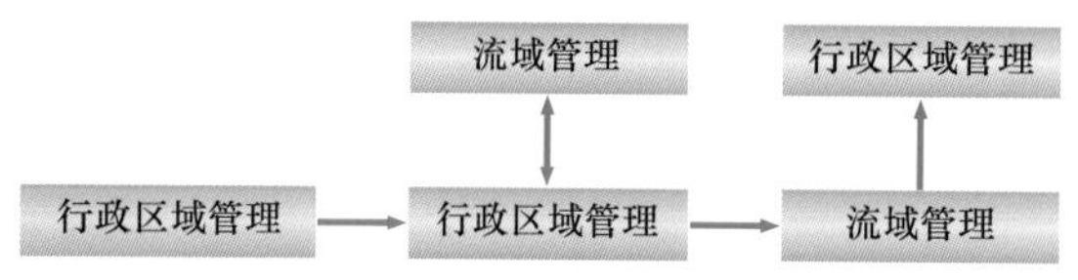

图 3.4　水资源管理体制演变框图

追溯塔里木河流域水资源管理体制经历了由行政区域管理——以行政区域管理为主，流域管理与行政区域管理相结合——流域管理与行政区域管理相结合，区域管理服从流域管理的演变过程。水资源管理体制演变见图 3.4。

（1）1992 年以前的水资源管理体制—行政区域管理。自 20 世纪 50 年代起，在塔里木河流域管理单位成立之前，各地州在源流还成立了自有的流域管理机构，在 60 年代中期，新疆维吾尔自治区在塔里木河的流域主要源流上先后成立了有自治区水利厅直属统一管理的流域机构，如叶尔羌河流域管理处、喀什葛尔河流域管理处（原名称库山河流域管理处）、渭干河流域管理处、开孔河流域管理处等，为塔里木河流域的水资源统一管理起到了积极的促进作用，同时，有力地促进了当地的经济发展，后因历史原因于 70 年代初期先后交由各地州管理，隶属于各地州直接管理，塔里木河流域内五个地（州）相继成立了各自的流域管理机构。阿克苏河灌区、叶尔羌河灌区、和田河灌区、开都河—孔雀河灌区分别设立了阿克苏河流域管理处、叶尔羌河流域管理处、和田河流域管理处、开都河—孔雀河灌区水管处，隶属地州政府或水利局管理，负责所在流域水量调度、供水和水利工程运行管理及少部分水资源管理等工作。兵团师分别设有灌区水利管理处，主要负责灌区供水等工作。各流域机构的设立，使流域水资源管理体制前进了一步，但由于流域管理机构或具有流域管理职能的机构隶属当地政府或其水利局管理，流域管理的作用没有得到应有的发挥。建立了以区域管理为主的水资源管理体制。

该阶段的水资源管理实行统一管理与分级、分部门管理相结合的制度，国务院水行政主管部门负责全国水资源的统一管理和监督工作，县级以上地方人民政府水行政主管部门按照规定的权限，负责本行政区域内水资源的统一管理和监督工作。《水法》中关于水资源区域的设定，人为造成了水管理的分割，导致流域水资源管理者过分注重区域利益最大化，忽视全流域的整体利益，无序开发利用流域水资源，造成水资源的不合理开发和配置、低效利用和人为浪费，使得塔里木河源流进入干流的水量不断减少，下游生态环境不断恶化。

（2）在 1992～2010 年之间，水资源管理体制—流域管理与行政区域管理相结合，以区域管理为主。1992 年新疆维吾尔自治区批准成立了塔里木河流域管理单位，负责全流域的统一管理，形成建立了流域管理与区域管理相结合的流域水资源管理体制。塔里木河流域管理单位是新疆维吾尔自治区水利厅的派出机构，授权对所属塔里木河流域内的九大水系进行水资源的统一管理与保护。赋予了塔里木河流域管理单位对塔里木河干流水资源的统一管理权和源流水量与水质的监督职责，使塔里木河由区域管理向流域管理迈出了关键的一步。

1994 年新疆维吾尔自治区人民政府颁发了《新疆维吾尔自治区塔里木河流域水政水资源管理暂行规定（试行）》，由新疆维吾尔自治区水利厅授权塔里木河流域管理单位，对流域水政水资源管理总则、管理机关与职责、用水管理、河道管理和水工程管理、防洪抗洪、水政监察等进行了规定，并对塔里木河流域进行管理。1997 年，新疆维吾尔自治区颁布了《塔里木河流域水资源管理条例》(以下简称《条例》)。《条例》是我国第一部地方性流域水资源管理法规，它以立法的形式确立了塔里木河流域“实行统一管理与分级管理相结合的制度”。

1998年，新疆维吾尔自治区成立了塔里木河流域水利委员会。同年8月，新疆维吾尔自治区召开了塔里木流域水利委员会成立暨常委会第一次会议，会议主要审议通过了《塔里木流域水利委员会章程》及《塔里木流域水利委员会五年行动计划》，明确了流域委员会的工作内容与方向。1999年在塔里木流域水利委员会常委会第二次会议上，批准了《塔里木流域各用水单位年度用水总量定额》，初步确立了流域水量分配体系。2000年自治区在流域内实施了限额用水工作之后的历次委员会上，由委员会主任与流域各用水单位领导签定年度用水目标责任书，核定年度用水限额，落实限额用水责任。塔里木河流域各地(州)、新疆生产建设兵团单位将落实年度限额纳入考核目标，建立责任追究制度，层层负责执行用水协议。限额用水执行过程中，塔里木河流域管理单位对各单位用水目标责任书执行情况进行监督检查。

2000年以来，根据国务院对塔里木河流域综合治理的批复要求及流域综合治理的实践总结，又进一步完善了流域管理机构建设。塔里木河流域水利委员会由主任、副主任和委员组成。主任由新疆维吾尔自治区常务副主席兼任，副主任由主管水利工作的副主席兼任，委员由自治区人民政府秘书长和计划、财政、水利、环境保护、国土资源管理等行政主管部门负责人，塔里木河流域内五个地州的行政首长，新疆生产建设兵团单位主要责任人，兵团水利局局长，塔里木河流域管理单位局长和有关方面负责人组成。邀请国家发展和改革委员会、水利部黄河水利委员会等部委领导参加并担任副主任。同时，塔里木河管理委员会不断加强自身建设，2001年在塔里木流域水利委员会第五次会议上，成立了新一任的委员会领导班子，国家发展和改革委员会、水利部、黄河水利委员会的领导担任委员会副主任委员，参与塔里木河流域水利委员会的组织和管理工作。塔里木河管理委员会及时有效的运行决策机制，对指导、促进流域综合管理工作发挥了很好的作用，较好地促进了流域管理与区域管理和谐关系的建立。

塔里木河流域水利委员会负责研究决策流域综合治理的有关重大事项；审查批准流域水量分配方案并与各地签定年度限额用水协议；审查塔里木河流域管理单位、流域有关地(州)和新疆生产建设兵团关于贯彻执行委员会决策决议情况的报告等。塔里木河流域水利委员会以会议的方式行使决策职权，塔里木河流域水利委员会成立以来每年年初召开一次会议，塔里木河流域水利委员会的及时、有效的运行、决策机制，对指导、促进流域综合管理工作起到非常好的成效。

塔里木河水利委员会执委会是委员会的执行机构，在委员会闭会期间代表委员会行使职权，负责保证和监督委员会决议、决定的贯彻执行，并在委员会授权范围内制定政策，作出决定。执行委员会下设办公室，办公室设在自治区水行政主管部门，负责处理执行委员会的日常工作。

塔里木河流域管理单位是委员会的办事机构，又是其技术、职能机构，负责流域水资源的开发、利用、保护和管理，行使河道管理、水工程管理、用水管理、水土保持管理等水行政管理职权。2001年，新疆维吾尔自治区将塔里木河流域管理单位由副厅级升格为正厅级，在职责中进一步强化、落实了塔里木河流域管理单位的水行政统一管理职能。

塔里木河流域“决策—监督—执行机构”管理模式的有效运转，促进了流域管理与区域管理和谐关系的建立，也保证了流域综合治理的顺利实施及水资源的统一管理。塔里木河流域水利委员会管理见图 3.5。

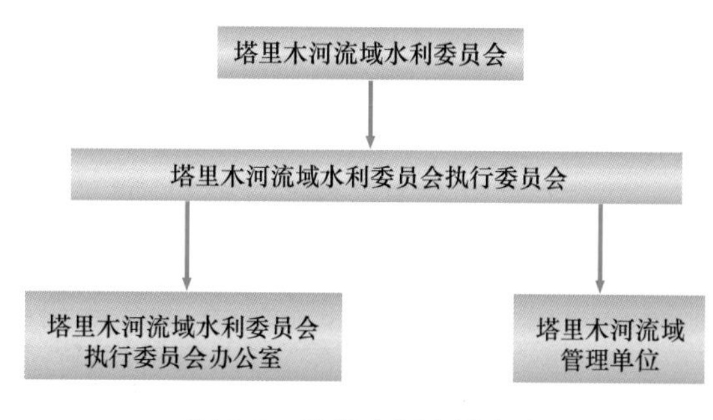

图 3.5　塔里木河流域水利委员会管理框图

在塔里木河流域水资源管理工作中，虽然建立和完善了一系列流域水资源总量控制管理制度、水资源总量控制的区域行政首长责任制等，但流域内的水资源的供需矛盾仍未得到根本性的缓解，流域内各灌区的农业用水挤占下游和塔里木河干流的生态用水，以及塔里木河流域干流上游超限额用水，下游正常限额指标内用水得不到保障，致使农民大规模上访事件年年发生，水事纠纷频繁发生。

（3）2011 年至今，流域管理与行政区域管理相结合，区域管理服从流域管理的模式。

先从政策上理解“流域管理与行政区域管理相结合，区域管理服从流域管理的模式”的管理职权应体现在如下几方面：

1）规划方面。流域管理与区域管理相结合的水资源管理模式，还体现在水资源规划方面。《水法》规定：开发、利用、节约、保护水资源和防治水害，应当按照流域、区域统一制定规划。规划分为流域规划和区域规划。流域规划包括流域综合规划和流域专业规划；区域规划包括区域综合规划和区域专业规划。综合规划，是指根据经济社会发展需要和水资源开发利用现状编制的开发、利用、节约、保护水资源和防治水害的总体部署。专业规划，是指防洪、治涝、灌溉、航运、供水、水力发电、竹木流放、渔业、水资源保护、水土保持、防沙治沙、节约用水等规划。流域范围内的区域规划应当服从流域规划，专业规划应当服从综合规划。

显而易见，对水资源及防治水害的规划，流域规划占主导地位。但流域规划和区域规划都必须与国民经济和社会发展规划、土地利用总体规划、城市总体规划和环境保护规划等相关规划相协调。在具体的规划编制方面，不同级别的规划必须由相应级别的机构承担。按《水法》的有关规定，流域规划和区域规划基本分 5 级：全国水资源战略规划；重要江河、湖泊的流域综合规划；跨省（自治区、直辖市）的其他江河、湖泊的流域综合规划和区域综合规划；省（自治区、直辖市）内的其他江河、湖泊的流域综合规划和区域综合规划；省（自治区、直辖市）内的其他江河、湖泊的专业规划。

规划级别以及编制和批准规划的机构，充分体现了流域和区域相结合的思想。流域机构作为相应规划的编制机构，其法律地位得到加强，从规划的方面反映了流域管理与区域管理相结合的原则。水资源规划是实现区域发展和水资源可持续利用的基础，分级规划是流域管理与区域管理相结合的有效途径。

2）开发利用保护方面。水资源开发利用的优先次序为，首先解决生活用水，其次是生产用水，最后为生态环境用水。从流域的角度看，兴利与除害、蓄泄兼顾、保护生态环境等是最大的需要。流域作为水的汇集和提供的环节，流域自身也需要基本的水量来维持和保护。因此，水资源的开发利用必须服从流域防洪的总体安排和防止对生态环境造成破坏。无论是生活还是生产，在某种程度上来说，都是为了满足区域发展的需要。因此，在水资源开发利用方面流域管理主要体现在维持流域自身的需要，而区域管理则体现了水资源使用的利益最大化。流域管理与区域管理相结合，就是在高效合理利用水资源的同时，生态环境能够得到有效的保护，实现人和自然的和谐相处。

3）水资源配置方面。在水资源配置方面，区域管理占主导地位。流域管理职能的发挥，必须依据经过水行政主管部门批准的规划，以流域为单元制定水量分配方案，调蓄径流。一般区域的需水，尽量在区域所处的流域内解决。当流域内的水资源无法满足区域发展的需求，国家实施跨流域调水。跨流域调水，是利用多流域的水资源来满足多区域的发展需求。因此，合理的水资源配置，实质上是区域管理和流域管理高度结合的产物。

我国现行法律规定的流域综合管理体制是“统一管理与分级、分部门管理相结合”，其实质是“统一管理与分散管理相结合”或“流域管理与部门管理和行政区域管理相结合”的管理体制。如果现行的流域管理体制已不能满足社会经济和生态环境可持续发展的需要，就需要建立更为有效的流域管理。

塔里木河流域管理单位成立比我国七大流域成立的时间均晚，水资源管理方面的经验较少，为了更好地使塔里木河流域水资源得以合理配置，塔里木河水资源管理者根据塔里木河流域水资源管理形势的发展要求，与时俱进、不断探索、勇于开拓，结合流域实际，创造性地建立了适合塔里木河流域的水资源管理机制。建立水资源流域管理与行政区域管理相结合，区域管理服从流域管理的模式。

考虑到塔里木河的四源流水资源占全流域的约 60%，如掌握了这四源流的水资源，并对其实行统一管理和调度，就掌握了全流域水资源的主动权，同时，又为实现流域水资源实行统一管理提供了适用可行、可操作性极强的范例，因此，2011 年塔里木河流域管理单位对塔里木河主要的四源流管理机构整建制纳入塔里木河流域管理单位统一管理，建立起塔里木河流域水资源统一高效的管理体制，塔里木河流域管理单位的管辖范围由原来的部分河段扩展为全河，由部分河流扩展为全流域，管理职权由原来主要负责灌区供水管理转变为在其管辖范围依法行使水资源统一管理职能，即组织编制或预审流域综合规划及专业规划，行使水资源评价、取水许可审批、取水许可证发放、水资源费征收、水量调度管理、河道管理、水行政执法、水土保持监督管理、水利工程管理和水费征收、地表水和地下水质监测等职权。流域各用水单位在经批准的用水总量内，负责制定流域内各灌区水量分配方案和月旬用水计划，报上级水行政主管部门或流域管理机构批准后，由塔里木河流域管理单位所属的流域管理机构供水。“流域管理与行政区域管理相结合，区域管理服从流域管理”的水资源统一高效的管理体制基本建立。水资源统一高效的管理体制机构设置见图 3.6。

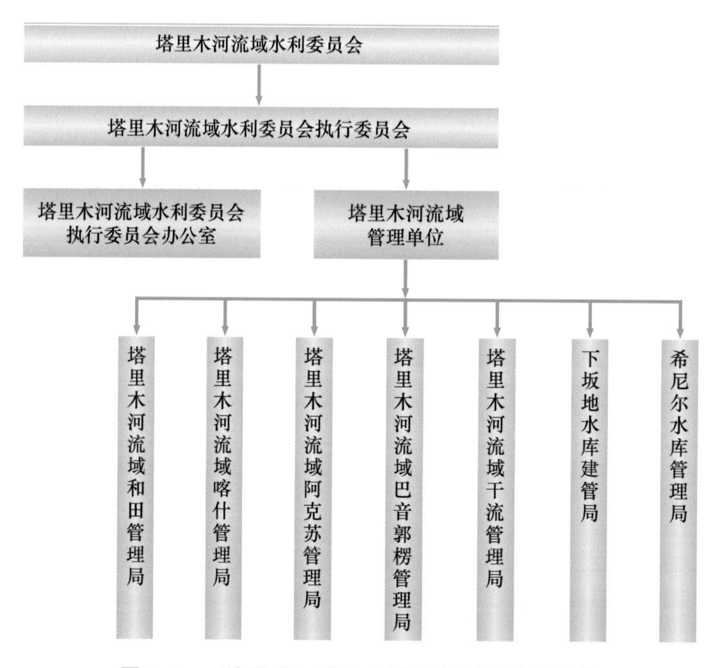

图 3.6　水资源统一高效的管理体制机构设置图

即建立的水资源统一高效的管理体制主要包括：

1）调整流域管理机构。将塔里木河流域管理机构与灌区管理机构分置，整合兼并现有源流管理机构，源流流域管理机构划归塔里木河流域管理单位直接管理。隶属于塔里木河流域管理单位的源流管理单位，对源流水资源和河流上的提引水工程等实行直接管理。源流各用水单位负责用水总量内的配水管理，并接受流域机构的业务指导，不再对源流水资源及河流上的提引水工程实行直接管理。

2）成立流域水行政执法队伍。成立塔里木河流域水利公安机构，维护流域水管理范围内的社会治安秩序，维护法律、行政法规的执行，保障水行政执法工作的正常进行。结合塔里木河流域存在的问题及面临的实际，按照流域管理体制建立的原则，完善和建立权威、统一、高效的流域管理体制，特别是要健全与落实区域管理服从流域管理新体制。

根据塔里木河水资源实行统一管理需要，为建立具有权威性塔里木河流域管理单位的主要职责是：

1）贯彻落实《水法》、《新疆维吾尔自治区实施〈水法〉办法》等法律、法规；负责管辖范围内的水行政执法、水政监察和水事纠纷调处工作。

2）组织编制流域综合规划和专业规划并监督实施。在授权范围内，组织开展水利项目的前期工作；负责水工程建设项目规划同意书和水资源论证报告审查、水利项目初步技术审查；提出管辖范围内水利建设项目年度投资建议计划并组织实施。

3）负责流域水资源统一管理，统筹协调流域用水，实施取用水总量控制。组织编制流域水量分配方案、年度水量调度计划以及旱情紧急情况下的水量调度预案并组织实施；指导流域水能资源开发，按照电力调度服从水量调度的原则，负责管辖范围内水库及水电站水量统一调度；负责组织实施向塔里木河下游生态输水；在管辖范围内依法组织实施取水许可、水资源有偿使用等制度。

4）负责流域水资源保护工作。根据授权，开展流域水功能区划工作，组织编制管辖范围内的水功能区划，核定水域纳污能力，提出限制排污总量意见；负责入河排污口设置的审查许可，依法在管辖范围内开展水土保持监督管理；指导流域节约用水工作。

5）负责管辖范围内的河道管理。承担河道管理范围内采砂管理和涉河建设项目的审查及监督工作，负责直管水利工程的建设与运行管理。

6）组织编制流域防洪方案。在上级防汛抗旱总指挥部的统一领导下，开展防汛抗旱协调、调度和监督管理等工作；参与协调水利突发事件应急工作。

7）研究提出直管工程的水价及其他有关收费项目的立项、调整建议方案。负责直管水利项目资金的使用、管理和监督。

8）负责开展流域水利科技、统计和信息化建设工作。

通过建立的塔里木河流域水资源统一高效的管理体制，保证流域水资源合理开发、利用与保护，调度管理政令畅通，全面实现塔里木河近期综合治理规划目标。使流域管理体制顺畅、隶属关系清楚、事权划分明确、管理层次清晰、责权统一，水资源管理打破行政地域界限，实现流域管理与区域行政管理相结合、区域行政管理服从流域统一管理。随着塔里木河源流各种体制的逐步建立和完善，流域水资源统一高效的管理、合理配置将进一步提高，“流域管理与行政区域管理相结合，区域管理服从流域管理”将真正落到实处。

（4）管理体制运行存在的几点问题。水资源管理体制通过三个阶段的实施，主要存在以下几个方面的问题：

1）流域管理与区域管理事权划分不明，导致水资源管理权的分割。根据《塔里木河流域综合治理规划报告》的规划目标，新疆维吾尔自治区人民政府下发的《塔里木河流域“四源一干”地表水水量分配方案》（以下简称《水量分配方案》），由塔里木河流域管理单位实施年度用水总量控制，在现有水资源条件下，科学安排生活、生产和生态用水。为了保证水量分配方案的贯彻落实，方案明确了用水总量控制行政首长负责制、责任追究制，对源流实施严格的取水许可限额管理，对超计划用水实行累进加价收费等行政、技术、法律、经济等措施，汛期对主要源流阿克苏河流域下泄塔里木河干流的拦河闸断面实施水量调度管理工作。拦河闸断面水量调度见图 3.7，但是实际情况是塔里木河流域管理单位只能直接管理塔里木河流干流，源流的各用水单位即是源流水资源管理者，又是使用者，《塔里木河流域水资源管理条例》规定的管理体制得不到落实，流域管理处于弱势地位。

图 3.7　拦河闸断面水量调度图

2）流域管理机构职能需要进一步健全和完善，建立的仍需加强权力结构的调整。在已长期存在的强势区域管理体制下，新成立的流域管理机构——塔里木河流域管理单位既不管人，也不管钱而且也不具有重要控制性工程的监控权，在遇到地方利益、局部利益与整体利益有冲突时，水资源统一管理调度的指令根本得不到保证，统一管理也就成了一纸空谈。

3）在流域内有法不依、执法不严的问题比较突出。由于管理体制不顺，违反《塔河流域水资源管理条例》、新疆维吾尔自治区批准的水量分配方案、《塔里木河流域水量调度管理办法》，不执行水调指令抢占、挤占生态水，不按塔里木河近期治理规划确定的输水目标向塔里木河输水的现象时有发生，塔里木河干流水权及生态用水水权得不到法律保护，塔里木河流域管理单位因管理权限所限，难以依法进行处罚。

4）在流域内部同一区域都还存在不同隶属管理单位的关系、自成体系的两套水资源管理体制，存在着各自为政、分割管理的问题。

5）在流域内实施工程措施和非工程措施，完成规划目标任务任重道远。塔里木河流域管理单位通过发挥现有水工程的最大社会、环境和经济效益，以及在流域塔里木河流域“四源一干”内新建或改建（扩建）流域内的工程项目，提高水的利用效率与效益，减轻对水资源的压力；建立水资源的优化配置调度机制，对流域内塔里木河流域“四源一干”地表水的用水总量进行年度水量的统一调度，保证“四源流”向塔里木河干流下泄水量的目标，使流域内水资源的开发利用可持续性，塔里木河流域近期综合治理和生态环境保护建设虽然取得了阶段性成效，流域水资源统一管理也不断加强。已建成的工程见图 3.8、图 3.9。

图 3.8 已建成的干流输水堤

但是，流域内因超过规划灌溉面积而增加用水、不执行流域水量统一调度管理、抢占、挤占生态水，导致按规划确定的向塔里木河输水目标实现困难重重，源流实际下泄塔里木河干流水量不增反减，不仅占用了通过塔里木河近期治理节水工程实现的节增水量，还占用了原来的河道下输生态水量。

图 3.9 已建成的塔里木河干流的堤防工程

针对以上问题，要完成国务院确定的塔里木河流域近期综合治理目标，实现流域经济社会与生态环境可持续协调发展的长远目标，塔里木河流域以行政区域管理为主的水资源管理体制已不能适应流域水资源合理配置、统一管理的要求，不适应经济社会与生态环境全面协调又好又快发展的要求。因此，亟待建立和完善水资源统一高效的管理体制势在必行。

3.2.2 完善体制与机制的构想

建立塔里木河流域水资源统一高效的管理体制和机制是贯彻落实科学发展观，促进流域经济社会和生态环境可持续的需要，是流域经济社会和生态环境可持续发展对水资源需求提出的新要求。塔里木河流域是一个水资源紧缺，自然环境恶劣、生态脆弱而石油、天然气等矿产资源丰富的流域。流域内矿产资源的开发是区域经济发展实施的资源转换战略的重要措施，而水资源是矿产资源开发的前提，没有水资源作保障，矿产资源的开发就是一句空话。基于这一点，就应该把建立适应经济社会又好又快发展的塔里木河流域水资源管理体制和机制的工作放在重中之重的位置。

体制和机制是一个有机的整体。体制是实现水资源统一管理的基础，机制是实现水资源统一运行管理的措施保证。塔里木河流域水资源管理工作涉及面广，水系关系复杂，水事关系繁杂，利益关系平衡难度大，要处理好这些关系，就要在一个好体制的基础上建立一系列的好机制来支撑。

塔里木河流域的体制机制的建立，不仅关系到流域近期治理目标的实现，也关系到今后流域综合治理的开展，关系到流域经济社会和生态环境可持续发展，因此需建立一个水资源统一高效的管理体制，保证完成流域综合治理的规划目标。体制与机制的具体构想如下：

（1）建立流域水资源统一高效的管理体制的指导思想和应遵循建立的原则。

指导思想：建立流域水资源统一管理、高效利用的体制，保证流域水资源合理开发、利用与保护，水资源管理政令畅通，全面实现塔里木河综合治理目标。

建立的原则：按照流域管理体制顺畅、隶属关系清楚、事权划分明确、管理层次清晰、责权统一的原则，水资源管理打破行政地域界限，实现流域管理与区域管理相结合、区域管理服从流域统一管理。

（2）建立塔里木河流域水资源统一、高效管理体制的构想。统一管理现有源流管理机构，即将叶尔羌河流域管理局、和田河流域管理局、阿克苏河流域管理局以及具有流域水资源管理职能的开都河—孔雀河灌区水利管理处，整建制（包括河道供水工程）移交塔里木河流域管理单位，成立塔里木河流域和田管理局、塔里木河流域喀什管理局、塔里木河流域阿克苏管理局、塔里木河流域巴音郭楞管理局，隶属塔里木河流域管理单位，对四源流的水资源和河流上的提引水工程实行垂直管理。

同时，今后对流域水资源的管理不仅限于现状的塔里木河流域“四源一干”，而是对塔里木河流域的“九源一干”实行水资源的统一管理。才能够实现真正意义上的水资源的统一管理，有利于节水型社会的建立，有利于塔里木河二期治理乃至于长远治理工作的健康有序开展，这将会给流域水资源的管理及开发利用注入新的生机，打开新的局面。水资源统一高效管理体制的实施不仅能够解决水资源管理与使用方面的现状问题，而且能够解决在源流特别是在山区建设控制性工程水资源如何实现统一管理的未来问题，这可以说是“纲举目张”，一通百通，对流域经济社会又好又快发展必将起到举足轻重的作用。

（3）为切实强化水资源的有序管理，在流域内实施生态补偿机制。塔里木河流域各用水单位在水资源的开发利用上，统筹兼顾、全面协调发展的思想认识存在不同程度的偏差，抢占挤占生态水的问题比较突出，影响了流域的协调发展。目前流域内尚无有力的管理措施。现行的管理手段是当用水单位发生了超限额用水，流域管理部门只能按相关法规对其进行轻微的罚款，但罚款的数额与其多引水而带来的水费收入相比，超限额用水的单位不仅没有受到教育、惩戒作用，反而增加了数百万元水费收入。如：A 单位在一个水量调度年度内超引用了 3 亿 m^3 水量，按照相关法规对其进行 10 万元罚款。但是当地平均水价，3 亿 m^3 的水费收入为 300 万元，最终结果是 A 单位抢占了 3 亿 m^3 水量，反而还多收入了290万元的水费。看似处罚，实则为奖励。这种生态保护与经济利益关系不协调，管理机制的软弱无力，使流域内原本就脆弱的荒漠生态面临更大的生存困难。要解决这个问题，就必须按照《关于落实科学发展观加强环境保护的决定》、《国民经济和社会发展第十一个五年规划纲要》等关系到中国未来环境与发展方向的纲领性文件中提出的要求，按照“谁开发谁保护、谁破坏谁治理、谁受益谁补偿”的原则，尽快出台《塔里木河水生态补偿条例》，加快建立塔里木河流域生态补偿机制。

对抢占挤占生态水的单位，除了在流域内通报批评和一定数额的经济罚款外，应由塔里木河流域管理单位代表政府强制要求占用者按累进加价的方法和规定的标准交纳生态补偿费，价格应为当地水费的3～5倍或5～10倍。要使占用者无利可图，节约用水、不超用水者不吃亏，维护流域水资源统一有序管理，统筹兼顾，促进流域经济社会全面协调可持续发展。

（4）为切实强化水资源的有效管理，在流域内实施水费补偿机制。针对流域内占用他人限额内水量的用水单位实行给被占用者经济补偿制。如A单位用完了自己的限额水量却仍不能满足自身用水需求，又要求占用B单位的限额水量，造成的结果是“一失一得”，即B单位既失去了应有的限额指标内的水量，又失去了这一部分水的水费收入，而失去的这些损失全部由超限额用水的A单位无偿得到。这种现象既不利于节水型社会的建立，也不符合市场经济规律，违背科学发展观；鞭挞了先进、挫伤了节水者的积极性；奖励了落后，亵渎了节约保护水资源的行为。因此应建立占用他人限额内水量的补偿机制，要以其水费的5～10倍给予补偿，通过强劲的管理机制，促进节约用水，推进节水型社会的建立，实现流域经济社会的全面发展。

（5）提高水的商品意识和节约用水意识，实施水票制（现水现价制）。水票制是通过用水户按照配水定额先购买水票，凭水票供水。其目的是提高用水户的水商品意识和限额用水、计划用水、节约用水意识，在现有水资源基础上谋求发展，保障水资源配置方案的落实。塔里木河流域水资源统一管理起步较晚，但不能步其后尘，需要大胆设想，大胆探索，开拓创新。可以先在塔里木河干流尝试推行水票制，干流先从土地经营大户试行，通过几年时间逐步推广，最后在全流域实行水票制。

3.3 统一调度管理的运行机制

2011年国家下发了《关于加快水利改革发展的决定》，对水资源管理提出了一系列要求，尤其在建立用水总量控制、用水效率控制制度和确立用水效率控制红线等方面。同时要求抓紧制定主要江河水量分配方案，建立取用水总量控制指标体系。坚决遏制用水浪费，把节水工作贯穿于经济社会发展和群众生产生活全过程。并且从严核定水域纳污容量，严格控制入河湖排污总量。完善流域管理与区域管理相结合的水资源管理制度，建立事权清晰、分工明确、行为规范、运转协调的水资源管理工作机制。新疆维吾尔自治区《关于加快水利改革发展的意见》中明确提出深化水资源管理体制改革，研究设立水资源管理机构，完善塔里木河流域水资源统一管理体制机制实施统一的流域管理。

自2003年，新疆维吾尔自治区批准实施了《塔里木河流域"四源一干"地表水水量分配方案》（以下简称《水量分配方案》）。水量分配坚持以生态系统建设和保护为根本，以水资源合理配置为核心，源流与干流统筹考虑，生态建设与经济发展相协调，在现有水资源条件下，科学安排生活、生产和生态用水。为了保证水量分配方案的贯彻落实，《水量分配方案》中明确了用水总量控制行政首长负责制、责任追究制，对源流实施严格的取水许可限额管理，对超计划用水实行累进加价收费等行政、技术、行政、法律、经济等措施。《水量分配方案》的批准实施，为流域水量分配与调度提供了依据。

2009年，依据《水量分配方案》，流域各用水单位按照尊重历史、总量控制的原则制定了县团级用水单位水量分配方案，塔河流域水量分配体系就此建立。

3.3.1 水量调度运行机制

2002年，为实施《塔里木河流域"四源一干"地表水水量分配方案》，塔里木河流域管理单位开始实施流域的水量统一调度和管理，根据自治区制定的《塔里木河流域水量统一调度管理办法》，对流域水量调度原则、调度权限、用水申报、用水审批、用水监督等各方面做出了具体规定。确立了流域水量调度的调度原则：统一调度，总量控制，分级管理，分级负责，分步实施，逐步到位。调度方式实行年计划月调节旬调度，主要采取的措施为：

（1）在每年初召开的塔里木河流域水利委员会常委会会议上，由常委会主任与流域各用水单位签订年度限额用水协议。

（2）建立健全流域各级水量调度机构，完善规章制度。塔里木河流域管理单位与流域各用水单位都成立了水量调度专门机构，制定了水量调度制度，理顺了水调程序，从组织和制度上保证了水调工作的正常开展。

（3）加强和完善水量监测工作。塔里木河流域管理单位对涉及有关各用水单位分水、源流向干流输水的重要水量控制断面，委托水文部门进行监督、监测，同时塔里木河流域管理单位派专业人员进驻现场监督、检查。为准确掌握各灌区的引水量，在塔里木河干流上、中游，塔里木河流域管理单位设立了29个引水口水量测验断面，安排专职人员驻点测水。巴吾托拉克排冰渠设立的标准断面见图3.10。

图3.10　巴吾托拉克排冰渠设立的标准断面

（4）采取有效措施，强化实时调度。严格按照“科学预测，精心调度，强化监督，加强协调”的要求，依据批准的年度水调预案，进行滚动分析计算，及时调整当旬计划并下达调度指令。

（5）严肃调度纪律，加强监督检查。水调期间，塔里木河流域管理单位成立了督查组，采取驻点督查、巡回督查、突击检查等方式，督促检查有关用水单位执行水量调度指令情况见图3.11、图3.12。

21世纪以来的水量调度和管理中，随着流域的治理工作不断深入，流域水资源管理的体制和机制制约着流域社会经济的快速发展，流域的体制还待进一步的完善。2002年成立了塔里木河流域水资源协调委员会，制定了水资源协调委员会章程。水资源协调委员会由塔里木河流域管理单位领导及流域各地州及兵团师水利领导组成的技术咨询机构，水资源协调委员会将塔里木河流域管理单位、流域各地州及有关

图3.11　关闸闭口的监督检查

图 3.12 督察组赴引水闸口检查工作

方面联系在一起，各单位领导以专家的身份参会，共同研究、商讨塔里木河流域水利委员会建设与加强及流域水资源统一管理和流域治理项目中技术与非技术方面的重大问题。水资源协调委员会就上述问题形成建议、意见或对策，提供塔里木河流域水利委员会在决策时考虑。水资源协调委员会先后召开了多次会议。通过会议的召开，积极听取各方意见，使流域各单位加强了沟通，增进了了解，统一了思想，提高了认识，有效促进了流域水资源的统一管理。

2004年还分别成立了塔里木河干流上游灌区管理委员会及中下游灌区管理委员会，委员由塔里木河流域管理单位、灌区代表、用水户代表等组成，制定了《塔里木河干流灌区管理委员会章程》并及时召开了灌委会会议，指导灌区工程管理、用水管理、水费征收等各项工作，促进了灌区内水管理民主协商和科学决策。

2005年，《水法》，结合塔里木河流域的实际，新疆维吾尔自治区修订了《塔里木河流域水资源管理条例》。条例在流域水资源管理体制上取得了重大突破，规定"流域内水资源实行流域管理与区域管理相结合的水资源管理体制，区域管理应当服从流域管理"，同时明确了流域管理机构的法律地位及职责，以立法的形式确立塔里木河流域水利委员会（包括执行委员会）及塔里木河流域管理单位的流域管理机构，并对委员会及塔里木河流域管理单位的职责予以法律授权。

2011年，为实施流域水资源统一管理的需要，塔里木河流域建立了流域水资源统一高效的管理体制。即在现有管理体系，成立塔里木河流域和田管理局、塔里木河流域喀什管理局、塔里木河流域阿克苏管理局、塔里木河流域巴音郭楞管理局，隶属塔里木河流域管理单位，对源流水资源和河流上的提引水工程等实行直接管理。源流各用水单位成立各自的灌区灌溉管理机构，负责权限内的灌区灌溉管理，并接受流域机构的业务指导，不再对源流水资源及河流上的提引水工程实行直接管理。

3.3.2 进一步完善运行机制

塔里木河流域必须创新水资源管理体制，为贯彻中央和新疆维吾尔自治区关于进一步加快水利改革发展的精神，针对塔里木河流域当前水资源管理体制机制存在的主要问题，提出构建塔里木河流域水资源管理体制机制的深化与完善的具体措施。

（1）完善塔里木河流域水利委员会成员单位。按照《塔里木河流域水资源管理条例》，塔里木河流域委员会由新疆维吾尔自治区人民政府及有关行政主管部门、新疆生产建设兵团、流域内各用水单位负责人组成，邀请国家有关部委领导参加。但在塔里木河流域近期综合治理项目实施以来，在流域水资源管理方面出现了电力调度与水量调度、非法开荒等一系列问题，仅靠塔里木河流域管理单位难以协调处理和解决，塔里木河流域水利委员会运行体制还需进一步完善。

（2）完善管理单位内设机构。塔里木河流域体制改革后，管理职能发生了很大变化，仍采用原来的机构设置，已不能满足新体制下流域水资源管理的需要。诸如，防洪抗旱、水土保持、勘察设计、水产等诸多管理工作需要加强。

（3）水资源统一管理有待完善。在塔里木河流域水资源管理新体制下，仍存在多流域管理机构共同管理，没有实现流域统一管理。如喀什葛尔河流域由厅属的喀什葛尔河流域管理处和隶属于叶尔羌河灌区的盖孜河管理处分河段管理；渭干库车河由隶属于阿克苏河灌区的渭干河流域管理处管理；迪那河和车尔臣河由隶属于开都河—孔雀河灌区水利局的迪那河管理处和车尔臣河管理处管理。

（4）需加强地下水和地表水的统一管理。目前，塔里木河流域的地下水资源开发利用已经处于失控状态。地表水和地下水是相互依存、相互制约、不可分割的水资源整体，地表水直观、集中，地下水隐蔽、分散，要实行最严格的水资源管理，实现用水总量控制，就必须实行“两水”统一管理。

（5）进一步完善运行机制。为落实流域管理与行政区域管理相结合、行政区域管理服从流域管理体制，需要建立相应的管理机制，制定完善相应流域水资源管理的规章制度，做好塔里木河流域管理的顶层设计。但目前塔里木河流域内水工程建设规划同意书制度、工程建设管理、用水总量控制、河流纳污总量控制制度、水行政审查审批、取水许可和水资源论证制度、水行政执法、河道管理、水能开发、水量调度、水土保持等运行机制尚不健全，不能与新体制相适应。

（6）需加强流域水资源管理的范围和力度。水能资源是水资源不可分割的重要组成部分，水能资源管理是实现水资源综合效益的重要内容。近年来，随着我区经济社会的快速发展，电力需求大幅增长，各地水能资源开发热潮兴起。但在开发利用中，有法规不按法规、有规划不依规划的无序开发现象十分突出，其后果是工程的综合效益不能发挥，而效益一家独享也影响社会和谐发展。为规范水能资源开发利用，维护水资源统一管理的格局，实现灌溉、供水、防洪、生态环境保护等水资源综合利用目标，制定出台《新疆维吾尔自治区水能资源开发利用管理办法》。

（7）需加强流域取水许可管理工作。由新疆维吾尔自治区人民政府水行政主管部门授权的塔里木河流域管理单位进行统一管理，不再由各级人民政府水行政主管部门分级管理。因为塔里木河流域管理单位是塔里木河流域水资源总量控制（包括地下水和地表水）的一级执行者。同时，塔里木河流域管理单位负责塔里木河流域地下水取水许可、凿井许可等审批管理，征收水资源费，并负责日常监督管理工作。取水许可证和凿井许可证等的发放均应实行“一井一证”。

（8）需进一步探索水资源利益调节机制。流域水资源管理还缺乏有效的利益调节机制。主要表现在对超限额用水、抢占挤占生态水的行为还没有相应的调控措施，通常还仅限于以行政手段加以干预和制止，缺乏与超额用水、抢占挤占生态水获益者利益相挂钩的刚性约束机制，对超额用水、抢占挤占生态水的行为遏制不力。

3.4 管理体制与运行存在的问题

3.4.1 管理体制存在的问题

四源流管理机构成立初期，有的单位也隶属于自治区管理，从20世纪60年代起陆续由当地政府管理，这也是根据当时国家生产力水平和社会发展水平的需要所做出的决定，那个时期实行的是小流域开发建设。但随着经济社会的快速发展和文明程度的不断提高，这种延续了60多年、产生于计划经济时代、以行政区域管理为主的“小流域”管理体制，已无法为经济社会的又好又快发展提供水资源支撑，以土地扩张为主的“小流域”经济增长模式也不能继续下去。

当社会经济快速发展，只能从更大的流域范围统筹管理水资源，以水资源的合理配置促进经济结构的调整。当时水资源管理体制中的源流区，既是水资源的管理者，又是水资源的使用者，源流管理机构归属当地政府管理，这种体制在本质上并没有真正落实《水法》中提出的“流域管理与区域管理相结合”的要求，已不适应于2010年中央农村工作会议提出实施最严格的水资源管理、中央1号文件中明确的“三条红线”（即建立水资源开发利用的控制红线，严格实行用水总量控制；建立用水效率控制红线，坚决遏制用水浪费；建立水功能区限制纳污红线，严格控制入河排污总量）的要求。流域内上下游、左右岸，新疆生产建设兵团与地方，发电与防洪，灌溉与生态，地表水与地下水的合理配置和开发利用等都存在着长期没有解决的问题，要解决这些问题，就要跳出“小流域”的束缚，从“大流域”的高度出发，创新体制。

塔里木河流域四条源流都分别流经多个用水单位，并不是属于某一个地州（师）的河。如叶尔羌河，自源头起流经克州、喀什地区、叶尔羌河流域垦区灌区，下游进入阿克苏地区、阿克苏流域垦区灌区，进入干流再流经塔里木河干流灌区、塔里木河干流垦区灌区，共流经四个地州、三个新疆生产建设兵团师，水事关系复杂。按照过去的管理体制，隶属于叶尔羌河灌区的叶河流域管理局负责管理、可管理的范围其实就是"只管中间不管两头"。上游在克州境内，下游在阿克苏境内，所以叶尔羌河灌区只会管人工绿洲，出了人工绿洲，下游就不愿意管了，一是考虑到人力、物力、财力等因素不想管；二是因为河道流出了行政区域没法管，而阿克苏河灌区也不愿意管，因为不是阿克苏的河，塔里木河流域管理单位又没有管理权。所以叶河进入阿克苏地域就形成了"三不管"的地带。2010年叶尔羌河从艾力克塔木下泄水量10亿m^3，进入塔里木河干流只有4000万m^3，水量被下游截流了，仅阿瓦提县境内就打了5道、6道拦河坝。叶河下游进入阿克苏地界的河道范围内架线、架泵现象非常严重，仅河床内就已经打了约五六百眼机电井，这种现象在叶尔羌河，和田河也一样。同时，目前山区正在进行大规模的矿产开发，开发矿产要用大量的水，直接污染河流源头，一些地方的领导为了追求GDP，只注重招商引资，引进开发项目，水质污染的问题没有引起高度的重视。下坂地水利枢纽工程立项的时候就是为了废弃叶尔羌河流域的16座平原水库，现在工程就要建成了，但这16座平原水库的个别水库却在全国、全疆安排病险水库除险加固，全部规划到中小水库除险加固项目中，完成了除险加固。这就是因为没有大流域管理机构的参与规划，重复投资建设，没有一盘棋的思想意识。因此，就需要改革不合理的体制机制，从某种意义上说改革就是资源和利益的再分配，使之更合理、更公平，更有利于解放生产力、发展生产力，更有利于资源的合理配置，更有利于社会的发展进步。

目前塔里木河流域水资源管理体制存在下列需要治理的情况：

（1）有些河流上至今尚未成立流域管理机构，仍然实行的是以行政区域为主体的、分割的水资源管理模式，水资源统一管理、总量控制的要求难以实现。

（2）即便是成立了部分流域管理机构，但现行的流域管理体制也不能适应水资源统一管理的要求。

（3）现有新疆维吾尔自治区水行政主管部门直属的流域管理机构职能单一，只是按照各行政区域用水比例负责分水的机构。其管理手段不完善，没有参与流域综合规划和各专业规划的制定和审查，对流域内涉水项目的前期工作、建设管理等没有审查和监督管理权，无法承担起对流域水资源全方位综合管理的职责，不能充分发挥流域机构的作用。

（4）各子流域成立的流域管理机构曾均隶属于各地州政府，流域内各用水单位在流域水资源统一管理的认识还不到位，虽然实行的是流域管理服从于行政区域管理的水资源管理体制，但与《水法》中明确的"流域管理与区域管理相结合"的管理体制相悖，难以实现真正的水资源统一管理，这势必需要进行体制的变革，改变现有的水管体制，建立新的水资源统一高效的管理体制。

3.4.2 建立统一高效管理体制的建议

水资源具有独特的地域特征，以流域或水文地质单位构成一个统一体，每个流域的水资源是一个完整的水系。如果现行的水资源管理体制不能适合实施流域可持续发展战略的需要，就会有碍于流域可持续发展战略的实施。在塔里木河流域以行政区域管理为主的水资源管理体制不能适应流域水资源合理配置、统一管理的要求，不适应经济社会与生态环境全面协调又好又快发展的要求时，就必须要有“不破不立”的魄力和胆识，来一个大变革，建立一个既统一协调又权威高效、适应经济社会又好又快发展的新体制，从根本上解决流域管理机构对水资源的管理有责无权、流域内事权划分不清、各源流权利相对独立、各自为政、既是源流水资源的使用者又是源流水资源的管理者的局面。

对新疆维吾尔自治区境内涉及多个不同灌区管理单位的重要河流上，应尽快建立健全流域管理机构，建立起权威、高效且事权划分明确的水资源统一管理体制，改变过去的水资源管理主体多元化、各自为政的局面，以大流域为单元，对流域水资源实行统一管理。

同时为加强水资源统一管理的权威性，需要赋予流域管理机构法律、行政、经济、工程等方面的职权，使其在流域综合规划和专业规划的制定和落实，水资源合理配置、开发利用保护和监督管理，用水总量控制，河流的排污、纳污、水质监测管理，流域涉水工程的前期工作审查、建设管理等方面，充分发挥监督管理的职能，真正实现对水资源的全方位综合管理。二要建立健全流域水行政执法机构，配备专职执法人员和必要的执法设备，根据《水法》设定流域管理机构及其水政监督检查人员执法的权利和义务。三要充分利用法律、法规赋予掌握全面情况的流域管理机构必要的司法权，以提高工作效率，加大流域综合管理力度。以此赋予流域管理机构更高的职权，树立流域机构的权威。

3.5 区域管理和流域管理体制运行效果

建立塔里木河流域塔里木河流域“四源一干”水资源统一高效管理的体制后，把四条源流流域管理机构移交塔里木河流域管理单位，实行统一的、全方位的管理。跳出小流域来看整个流域，对水资源的全方位进行管理，管辖范围由原来的部分河段扩展为全河，由部分河流扩展为全流域，管理职权由原来主要负责灌区供水管理转变为在其管辖范围依法行使水资源统一管理职能，即组织编制或预审流域综合规划及专业规划，行使水资源评价、取水许可审批、取水许可证发放、水资源费征收、水量调度管理、河道管理、水政执法、水土保持监督管理、水利工程管理和水费征收、地表地下水水质监测等职权。流域各用水单位在经批准的用水总量内，负责制定县团级水量分配方案和月（旬）用水计划，报新疆维吾尔自治区水行政主管部门或流域管理机构批准后，由塔里木河流域管理单位所属的流域管理机构供水。至此，“流域管理与行政区域管理相结合，区域管理服从流域管理”的水资源统一高效管理体制基本建立。

流域水资源统一高效管理体制的建立，解决了流域管理与区域管理事权划分不明、流域管理机构对水资源的管理有责无权等问题，把《塔里木河流域水资源管理条例》关于“流域管理与区域管理相结合、区域管理服从流域管理”的规定真正落到了实处。

对四源流水资源统一高效的管理体制发挥了显著成效如下：

（1）近两年源流下泄干流水量和塔里木河干流各断面来水量明显增加，而且干流河道的输水效率也有了很大的提高。

（2）2011 年首次成功实现塔里木河干流连续 20 个月不断流，这对于季节性的河流不断流是罕见的，同时是历史以来到达干流下游恰拉断面的来水量创 48 年来最大值，罗布老人一家见到水的喜悦见图 3.13。

图 3.13　罗布老人一家见到水的喜悦

（3）2011 年成功实施向塔里木河下游生态输水，输水量居历次生态输水量之最，有效巩固了生态治理成果，再次使台特玛湖碧波荡漾，成为野生动物的天堂，见图 3.14。

图 3.14　野生动物的天堂

（4）加强流域的水资源统一调度管理，科学制定水量计划，每年按计划保证了灌溉用水，完成各用水单位限额用水总量指标，为流域农业增产夺丰收做出了重要贡献。

（5）叶尔羌河流域连续两年实施非汛期向塔里木河干流下输生态水，2013 年下泄水量为有实测资料以来水量最多的一年，实现了叶尔羌河向塔河干流输水新突破。

（6）由于近几年流域加强了水资源统一管理工作，并且河道管理力度也明显加大，通过各流域管理机构上下联动，使河道输水效率显著提高，减少了河道的无效损失，增大向下游绿色走廊的下泄水量。大西海子泄洪闸下泄生态水见图3.15。

图3.15　大西海子泄洪闸下泄生态水

（7）根据各流域的来水和实际供水能力情况，实现了流域内科学调配、和谐用水的局势，初步尝试实施全流域跨流域调水，并初步建立了流域内水权补偿机制和生态补偿机制。

通过几年的塔里木河流域水资源管理体制、机制的探索和实践，可知体制是基础、机制是动力。虽然塔里木河流域水资源统一高效的管理体制构架已经形成，但体制改革不仅仅是四源流管理局隶属关系的改变，新职能的实现是一个长期、复杂的过程，要积极谋划建立与统一高效的管理体制配套的运行管理机制和法律、法规，并在实践中不断完善，保障统一高效的管理体制权威高效、运转协调，使统一高效的管理体制真正发挥优势，展现出生机活力。

4

法规制度的建设

4.1 法规制度的制定

4.1.1 法规制度的理论支撑

我国流域水资源十分丰富，在我国经济社会的可持续发展中具有举足轻重的作用。但是我国目前的流域水资源问题十分严重，如废污水排放量巨大，水污染治理严重滞后；水土流失严重，未能得到有效控制；生态环境恶化程度加剧，自然水系被人为阻隔等。虽然现行的相关法律制度在水资源管理中起到一定的作用，但基本上都是从水资源的某一个方面来规定的，并不是从流域整体和综合管理的角度来规定的，有些法律已经不能满足当下经济社会发展对于流域水资源开发、利用、保护和管理的要求。

同时，水资源的污染和短缺已成许多地区的发展障碍，不仅对人类的生命健康和财产造成威胁和损害，还可能引发区域之间的冲突，成为影响安全问题的一个基本要素。根据水资源的自然特性，水资源本身与行政区划无关，以流域为单元对水资源进行综合开发与统一管理，越来越多引起人们的重视，并体现在水资源管理的立法和实践中，科学的流域立法模式是实现流域整体效益最大化的重要保证。

立法是流域综合管理的基础。从世界范围来看，流域综合管理的立法大都确立了流域管理的目标、原则、体制和运行机制，并对流域管理机构进行授权。例如法国《水法》明确以水资源的平衡管理为目的，在尊重自然平衡的同时，使水资源保护、增值以及开发符合大众利益，并建立新的行政管理机构。

我国流域管理立法可以针对具体国情采用针对专门流域的立法模式，以平衡不同利益要求，实现流域水资源可持续发展目标。由于我国流域水资源管理涉及多方利益主体，存在多元利益交叉情况，为了保证我国流域管理立法的实效和权威，应由全国人大或其常委会制定法律，提高立法的层级。这样不仅能协调流域不同区域的利益要求，还能避免不同部门、不同地区的重复立法以及相互之间的立法冲突，从而降低立法成本，节约社会资源，提高立法效率。

4.1.2 《塔里木河流域水资源管理条例》的编制与修订

任何一项制度的实施均离不开相应法律法规的支撑，国外的经验也表明，成功的流域治理需要法律的保障。我国现有的法律制度虽然基本适应我国国情，在环境管理上也吸取了西方国家发展经济中对环境破坏的前车之鉴，在逐步走向法制化和规范化，然而，现实大量存在不同部门的法律规定不相一致，致使我国的一些相关立法无法实现立法者的预期目的，更无法有效的利用和保护稀缺的水资源。随着我国经济的发展和人民群众环保意识的日渐加强，将对水资源流域管理体制的建立会日趋完善。

依法治水、依法管水，是实现水资源可持续利用的根本保证。为了合理开发、利用、节约、保护和管理塔里木河流域水资源，维护生态平衡，确保塔里木河流域综合治理目标的实现和流域内国民经济和社会的可持续发展，根据《水法》及有关法律法规，结合流域实际情况，在流域的立法建设上狠下功夫。

自塔里木河流域管理单位成立以来，就积极着手建立流域法规体系，1997 年新疆维吾尔自治区八届人大常委会第三十次会议审议并通过了《塔里木河流域水资源管理条例》(以下简称《条例》)。此《条例》是我国第一部地方性流域水资源管理法规，它以立法的形式确立了塔里木河流域管理体制，赋予了流域管理机构的法律地位，制定了流域水资源管理、配置、调度等规定。此后，根据《水法》、《自治区实施〈水法〉办法》的指导思想和主要修订内容，结合塔里木河流域经济社会的发展、水资源状况的变化以及出现的一些新情况、新问题，及时开展了《条例》的修订工作（见图 4.1、图 4.2)。

图 4.1　1997 年版的《条例》

图 4.2　宣传牌

2005 年 3 月，新疆维吾尔自治区十届人大常委会会议审议通过修订后的《条例》。修订后的《条例》吸取了国内外在水资源管理方面的先进经验，在流域水资源管理体制等多方面取得了重大突破，进一步理顺了水资源管理体制。它的主要突破点有：

(1) 明确了流域管理机构的法律地位及职责，以立法的形式确立塔里木河流域水利委员会及塔里木河流域管理单位的流域管理机构，并对委员会及塔里木河流域管理单位的职责予以法律授权，对流域管理的法律地位规定最明确，对流域管理机构的职责规定最集中、最具体的地方法规。

(2) 开创了我国流域立法的先河，明确规定了“区域管理应当服从流域管理”，对于进一步推进依法行政、依法治水，促进流域管理与区域管理相结合的水资源管理体制的完善，确保塔里木河流域综合治理的目标实现和促进流域经济社会与生态环境的协调可持续发展将会起到重要作用。

(3) 强化了取水许可管理，以法律形式明确了在流域实行全额管理与限额管理相结合的取水许可新制度，塔里木河流域管理单位负责在塔里木和干流取水许可的全额管理和重要源流限额以上的取水许可管理。

(4) 加强了流域水资源的宏观管理，明确了塔里木河流域管理单位负责流域水资源的统一调度管理。同时，修订后的《条例》得到水利部领导的高度评价，同时，对我国其他江河流域法规建设及水资源管理体制的建立与完善起到积极的促进与借鉴作用。

2011 年新疆维吾尔自治区决定，塔里木河流域管理单位对阿克苏河、和田河、叶尔羌河、开都河—孔雀河进行统一管理，建立塔里木河流域水资源统一高效的管理体制。随着水资源统一高效的管理体制的建立并实质性运转，2005 年修订出台的《条例》中确定的塔里木河流域管理范围、职能等已与新体制不相适应。依据水法律法规，同时根据国家和新疆维吾尔自治区对加快水利改革发展及实行最严格水资源管理制度的规定，结合流域水资源管理新体制的要求和流域水资源统一管理迫切需要解决的问题，塔里木河流域管理单位组织开展了《塔里木河流域水资源管理条例》的再次修订工作。经水利管理技术专家、法学专家组成的专家组，赴塔里木河流域"四源一干"进行了深入调研，完成了《塔里木河流域水资源管理条例》修订初稿。

4.1.3 完善配套规章

为使 2005 年修订后的《条例》所确立的一系列法律规定落到实处，进一步增强 2005 年修订后的《条例》的可操作性，根据《条例》的立法宗旨及国家、新疆维吾尔自治区的有关规定，还制定了以《条例》为核心的流域配套规章制度。

新疆维吾尔自治区政府先后出台了《塔里木河流域水政水资源管理暂行规定》、《塔里木河流域水利委员会章程》、《塔里木河流域综合治理项目资金管理办法》、《塔里木河流域水资源管理暂行规定》、《塔里木河流域用水总量定额》、《塔里木河流域"四源一干"地表水量分配方案》,《塔里木河流域水资源统一调度管理办法》等，为《条例》所确立的一系列法律规定的落实提供了保障。

对阿克苏河、和田河、叶尔羌河、开都河—孔雀河实施水资源统一管理的体制以来，根据体制改革和流域水资源合理配置的要求，对《塔里木河流域水量调度管理办法》进行了修订。《办法》确定了水量调度管理体制；明确了流域管理机构、有关各用水单位和相关单位的责任；规定了流域水量分配原则及分配方案的制定主体、程序以及法律地位；规范了正常水量调度的实施和应急调度措施；提出了水量统一调度工作的监督检查以及相关惩处规定。此外，为有效遏制流域内抢占、挤占生态水行为，依据水法律法规和自治区有关文件规定，起草了《塔里木河流域生态水量占用补偿费征收管理办法》。

为规范沟通协调机制，加强塔里木河流域管理单位与流域各地（州）、新疆生产建设兵团师的业务联系和沟通交流，增进水事各方的相互支持和了解，及时化解矛盾，塔里木河流域管理单位制定并经自治区人民政府办公厅批准实施了《塔里木河流域水资源管理联席会议制度》（以下简称《制度》)。《制度》明确联席会议的主要职责是，就流域规划、工程建设、限额用水与水量调度等有关业务事宜进行沟通、协商、协调，提出解决问题的方案和合理化建议。联席会议组成单位为塔里木河流域管理单位，各用水单位及其水利等相关部门。《制度》规定联席会议召集人为塔里木河流域管理单位，每年召开 1～2 次会议，遇到具体问题随时召开。相关成员单位负责落实联席会议确定的工作任务，联席会议办公室负责督办。按照《联席会议制度》的规定，每年塔里木河流域管理单位与相关用水单位召开联席会议数次，及时就限额用水和水量调度等问题进行了沟通协调，有力推动塔里木河流域综合治理工作健康有序的发展。

为在流域内积极推进民主管理和民主决策，成立了“塔里木河流域水资源协调委员会”，制定了《塔里木河流域水利委员会章程》。水资源协调委员会将塔里木河流域管理单位、流域各地州及有关方面联系在一起，共同研究、商讨塔里木河流域水利委员会建设与加强流域水资源统一管理和流域治理项目中技术与非技术方面的重大问题，使流域各单位加强了沟通，增进了了解，统一了思想，提高了认识，有效促进了流域水资源的统一管理。

2004年还分别成立了塔里木河干流上游灌区委员会及中下游灌区管理委员会，委员由塔里木河流域管理单位、灌区代表、用水户代表等组成，制定了《灌区管理委员会章程》，及时召开塔里木河干流灌区管理委员会会议，指导灌区工程管理、用水管理、水费征收等各项工作，促进了灌区内水管理民主协商和科学决策。

2012年，为规范和完善水量调度管理工作，进一步提高水量调度效率和管理水平，结合流域水量调度工作的具体要求，制定了《塔里木河流域管理单位水量调度管理制度》，明确了塔里木河流域管理单位在水量调度原则、调度程序、监督检查、责任追究等方面的责任。

4.2 取水许可制度的实施

取水许可制度是我国用水管理的一项基本制度。世界上许多国家都实行用水管理制度，如苏联、罗马尼亚、匈牙利、保加利亚、德国、英国。根据我国《水法》规定，取水许可证的发放只限于直接从地下或者江河湖泊取水的用户，而对于使用自来水和水库等供水工程的，在江河、湖泊中行船、养鱼的，为家庭生活、畜禽饮用取水和其他少量取水的，不需要申请取水许可证。实行取水许可制度，是国家加强水资源管理的一项重要措施，是协调和平衡水资源供求关系，实现水资源永续利用的可靠保证。

实施取水许可制度，是国家授权水行政主管部门对国有水资源使用权实行统一管理的一项基本制度，是用水管理的核心。在20世纪90年代至今的流域取水许可的管理工作中，塔里木河流域管理单位根据塔里木河流域水资源和水环境的实际情况和特点，考虑流域内社会经济发展水平、区域产业布局及产业结构、水资源管理水平、水资源承载力、水环境容量、流域“三生”用水需求、行业用水效率及用水定额、水功能区管理目标、河道内生态用水量及下泄水量等要素，对流域内各用水单位的取水进行总量控制，同时，对流域内的主要控制断面的下泄塔河干流的水量进行控制。并严格按照塔里木河流域取水总量控制的原则进行管理，具体如下：

（1）流域统一调控原则。

（2）可持续发展原则。

（3）公平兼顾效率原则。

（4）尊重现状、兼顾历史原则。

（5）厉行节约用水原则。

（6）坚持生活用水优先，“三生”用水相协调的原则。

（7）开发利用和保护相结合原则。

（8）与规划相协调、保证下泄水量指标的原则。

4.2.1 取水许可审批程序

按照1994年水利部令第4号发布的《取水许可申请审批程序规定》：利用水工程或者机械提水设施直接从江河、湖泊或者地下取水的单位和个人都应当向取水口所在地的县级以上地方人民政府水行政主管部门或者水利部授权的流域管理机构提出取水许可预申请、取水许可申请。同时还规定：在水利部授权流域管理机构实施全额管理的河道、湖泊内取水（含在河道管理范围内取地下水），由流域管理机构或其委托的机构受理取水许可预申请、取水许可申请。新体制改革以来，塔里木河流域管理单位加强了对流域内的取水许可管理工作，取水审批工作按照规定的程序来办理，出台了包括流域取水许可等的《塔里木河流域水行政审批指南》，办理取水许可程序见图4.3。

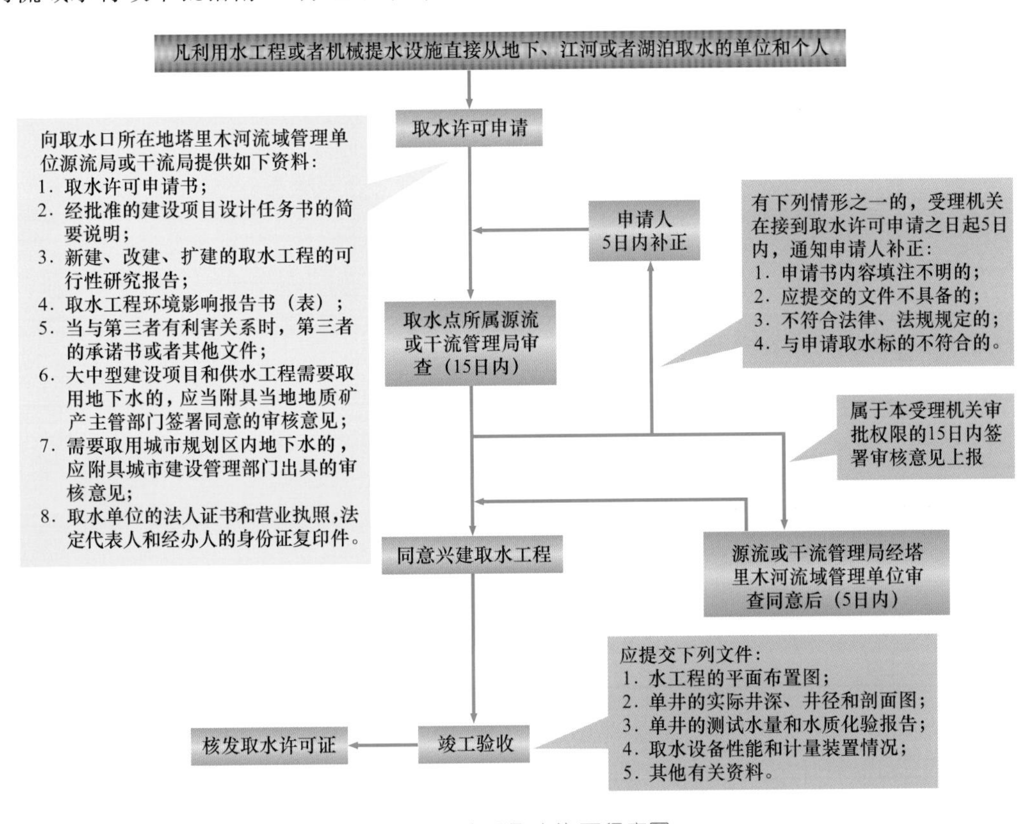

图4.3 办理取水许可程序图

为加强流域取水许可的各项工作，促使流域取水许可工作走向健康快速的道路上来，进一步对取水许可的审批程序进行规范，但目前由于流域取水许可对地下水的管理权限及管理范围自治区未赋予流域管理机构的职责，因此流域管理机构在所管理的河道上进行取水许可管理时，由于权属不清，致使流域取水许可的统一管理和监督工作存在一定的问题，工作开展较为困难。

4.2.2 取水许可的发放

根据《水法》和《取水许可和水资源费征收管理条例》等法律法规，为加强流域的取水许可管理，塔里木河流域的取水许可权利由自治区水利厅授权后实施，2002 年根据国务院批准的《塔里木河流域综合治理规划》精神，以及《塔里木河流域水资源管理条例》中明确了在流域内实行全额管理与限额管理相结合的取水许可新制度，塔里木河流域管理单位组织人员开展了源流取水许可限额调查工作，编制完成了源流取水许可管理方案，取水许可的权利范围是对塔里木河干流实施全额管理，对源流实施限额管理。并由此对流域内进行了取水申请、审批和监督管理，在塔里木河干流开展了取水许可申请登记工作。办理的塔里木河流域取水许可证见图 4.4。

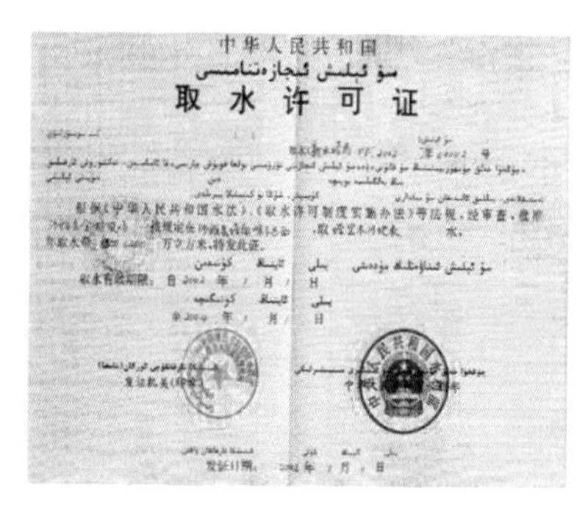
中华人民共和国
سۇ ئېلىش ئىجازەتنامىسى
取 水 许 可 证

图 4.4 塔里木河流域取水许可证

2003 年按照新疆维吾尔自治区批准的《塔里木河流域“四源一干”地表水水量分配方案》，对流域各地州兵团师的取用水实行总量控制、限额管理。流域按照自治区批准的水量分配方案，根据流域下一年度水量分配方案和年度预测来水量、水库蓄水量，按照总量控制、丰增枯减的原则，统筹考虑源流和干流、上游和下游、灌溉和生态用水，制定塔里木河流域各地（州）新疆生产建设兵团师的年度限额用水指标和汛期的水量调度方案，以此来确保塔里木河源流向塔里木河干流下泄指标和向下游生态输水的目标。

2008 年 3 月 13 日水利部制定出台了《取水许可管理办法》（以下简称《办法》）。该《办法》中规定：水利部所属流域管理机构（以下简称流域管理机构），依照法律法规和水利部规定的管理权限，负责所管辖范围内取水许可制度的组织实施和监督管理，从该办法中并未明确其他流域机构的取水许可的管辖范围及权限，使实施塔里木河流域取水许可的审批和监督管理工作带来了一定的困难。

2011 年流域对四源流水资源统一管理的体制改革以来，四源一干原流域管理单位移交塔里木河流域管理单位管理，塔里木河流域管理单位开始在流域河道管理范围内开始真正实施许可管理。到目前为止，塔里木河流域管理单位在所属管理范围内共发放取水许可证 90 份，取水量 81.45 亿 m^3。

4.2.3 取水许可的监督管理

为了加强取水许可制度实施的监督管理，促进计划用水、节约用水，1996 年水利部令第 6 号发布了《取水许可监督管理办法》。办法规定了，流域机构在所属的管理范围内实施取水许可的监督管理工作，并按取水许可分级审批权限，负责对管理权限内的取水实施监督管理。每年年初，塔里木河流域管理单位下达的年度限额用水指标，新疆维吾尔自治区主席与各地（州）新疆生产建设兵团师的主管领导签订目标责任书，各地（州）新疆生产建设兵团师再层层分解目标，将用水指标落到实处，并实行行政首长负责制，确保限额用水指标任务的完成。用水单位超过计划取水，塔里木河流域管理单位将采取关闸闭口或压闸减水的措施，现场监督引水闸口取水量见图 4.5，将超计划用水降为最低。在遇特殊干旱年份，在自治区领导的批示下，塔里木河流域管理单位将实施抗旱应急调水，塔里木拦河闸抗旱应急调水督查现场见图 4.6，任何单位都将无条件执行。为了监督四源一干闸口的引水情况，每年塔里木河流域管理单位都会组成督查组，采取驻点督查、巡回督查、突击检查等方式，分赴各源流督促水量调度指令的执行，发现不执行调度指令的单位和个人，将作出严厉的惩罚。通过各种措施进行过程控制，有效控制了用水，保证了用水限额任务的完成。

图 4.5 监督引水闸口取水量

图 4.6 塔里木拦河闸督查现场

同时对新建、改建、扩建工程的取水许可预申请审查时，批准的取水量不得超过该用水单位的限额指标水量，新增用水量将通过内部调剂解决。

4.2.4 实施效果及问题

实施取水许可制度是加强水资源管理的一项重要措施，是水行政主管部门对水资源权属管理的主要手段。塔里木河流域管理单位从 1996 年起，在塔里木河干流就开展取水许可管理工作，并随着流域水资源统一高效的管理体制的建立，塔里木河流域管理单位开始真正实施全流域进行了取水许可的管理工作，通过开展近 20 年的取水许可管理工作，取得的成效如下：

（1）塔里木河流域管理单位依据国家法律法规的规定，以及塔里木河流域管理体制的改革，取水许可的范围由干流扩大到全流域。由原来对塔里木河干流实施全额管理、源流实施限额管理，发展到对塔里木河流域管理范围内实施全额管理，取得了突破性的进展。

（2）实施取水许可制度，加强水资源统一管理取水许可制度，是国家授权水行政主管部门对国有水资源使用权实行统一管理的一项基本制度，是用水管理的核心。塔里木河流域管理单位通过发放取水许可证的方式来实施对水资源的统一管理。自塔里木河流域建立水资源统一高效的管理体制以来，不断加强流域取水许可的管理工作，2011 年以来，塔里木河流域管理单位控制了流域所属管理范围内的全部大河引水断面，并在所属管理范围内共发放取水许可证 90 套，取水量 81.45 亿 m^3。

（3）通过在塔里木河流域内实施取水许可管理工作，利用法律和经济以及技术手段调控有限的水资源，提高了塔里木河流域全民节水意识，转变了水是“取之不尽，用之不竭”的观念，有力地推动了计划用水、节约用水工作，促进了塔里木河流域水资源的合理开发利用和保护。

（4）根据《塔里木河流域“四源一干”地表水水量分配方案》，确定了流域内各用水单位年度用水总量指标，实施塔里木河流域限额用水管理，通过制定了年度塔里木河流域水量调度供水计划，加强了塔里木河流域水资源统一调度管理，维护了流域内各用水单位的用水秩序。

但是，由于国家出台的法律法规对流域机构取水许可管理的范围和权限规定模糊，致使塔里木河流域开展取水许可管理工作遭遇瓶颈，目前流域取水许可制度实施过程中存在的主要问题有以下几方面的问题：

1）取水许可实施的总量控制效果较差。塔里木河流域干旱少雨，用水相对较粗放，水资源利用效率偏低，随着人口和耕地面积的急剧增加，加之流域用水单位各自为政，总量控制指标任务的强制力较弱，用水单位大局意识不够强，利益的驱使，各自为政，未真正达到水资源（包括地表水和地下水）的统一管理的目标，致使取水许可实施总量控制管理有一定的困难。

2）取水许可证的发放未完全到位。农业用水是塔里木河流域取水的主要组成部分，占总取水量的比例很大。然而到目前为止，流域内还有很多未对农业取水户进行取水许可证的发放，部分工业和生活用水也存在漏发取水许可证的现象。同时流域河道管理范围以外地下水的取水许可不能进行统一管理，使取水许可的取水量与实际用水总量有较大差距。

3）取水许可事权划分执行不到位。实行流域和行政区域用水总量控制，必须充分发挥流域机构和地方水行政主管部门水资源管理的积极性，事权划分是取水许可制度能否落到实处的关键，然而目前流域各部门事权划分仍未明确，工作开展有一定的困难。

4）取水许可监测手段需进一步加强。由于用水户计量监测设施不到位，部分用水户用水也没有计量设施，尤其是流域地下水的抽水量未安装计量设施，以及流域架泵引水也未安装计量设施；同时流域水资源管理信息监测系统尚未全线建立，取用水总量控制缺乏有效的监控手段，年度用水计划落实的效果不尽人意。

要解决以上问题，还需要行政干预和法律法规的约束，才能改变取水许可工作开展的难度。

4.3 执法工作和队伍建设

水行政执法的主要任务是贯彻执行国家水行政法律法规和政府部门的规章。在《水法》、《中华人民共和国防洪法》、《中华人民共和国水土保持法》等法规中，都明确授权各级水行政主管部门要做好水行政执法工作。因此要建立一支素质高、业务精、能力强、作风硬的水行政执法队伍显得尤为重要。

4.3.1 执法能力建设的重要性

（1）执法能力建设是适应水行政执法工作的内在要求。《水法》是社会主义法制体系的组成部分，它在规范、管理和调整社会水事活动中具有不可替代的地位和作用，那么它就要求在贯彻执行水法律法规过程中加强水法宣传，强化水政执法，实现依法治水，执法能力建设就是水行政执法工作的内在要求。水政执法队伍的严格执法，是执法能力在工作上的体现，因此说，水政执法队伍的能力建设是水行政执法工作的重要保证。

（2）要搞好《水法》的实施，推进依法行政，立法是基础，执法是关键。没有一支作风扎实、纪律严格、素质过硬的执法队伍，执法就是一句空话。实践证明，领导重视队伍的建设，就能够造就一支过硬的执法队伍，那里的执法工作就有成效。从部里、厅里到塔里木河流域管理单位，对执法队伍的能力建设都十分重视。因为，有一支素质过硬的执法队伍，不仅能在执法工作中能够卓有成效，而且在流域其他相关部门具有很强的权威性。

（3）执法能力建设必须有责任追究制度和公众的广泛监督。随着国家对执法工作制约机制的加强和完善，对行政执法工作中出现的失误追究会越来越严格，因为执法工作出现的失误，不仅损害政府和执法机构的公信力，而且会直接损害行政相对人的合法权利，并且会广泛受到社会和舆论的关注。如果执法队伍不加强执法能力建设，执法人员不注重提高自身的综合素质，就不能做好执法工作。塔里木河流域水政监察队伍从成立以来，执法上严格，承办的水行政执法案件，无一起申请复议和进入行政诉讼的。

加强水政监察队伍建设，直接关系到塔里木河流域水政监察工作的正常开展，是水行政主管部门高效履行水政监察职能的重要保障。为适应塔里木河流域水行政管理工作的需要，在塔里木河流域管理单位成立时就组建了水政监察队伍——水政水资源处，经水利厅任命了水政监察员，逐步开展了水法宣传、水行政执法以及水资源的统一管理工作。并与2002年5月成立了专职水政监察队伍——塔里木河流域水政监察分队。自成立水政监察分队以来，在维护水事秩序、查处水事案件、调解水事纠纷、办理水行政许可及维护流域的合法权益等方面做了大量工作（对架泵取水用户进行执法见图4.7、对围堵河道行为进行执法见图4.8），在保障全流域水利事业持续、健康发展中发挥了重要作用。但是，目前水政监察分队的队伍建设在组织机构、人员编制、执法经费等方面仍然存在诸多制约因素，不能完全适应新时期、流域新体制依法治水的需要。

图 4.7　对架泵取水用户进行执法

图 4.8　对围堵河道行为进行执法

4.3.2　执法建设的对策和建议

塔里木河流域涉及区域广，点多线长、地处偏远、交通不便，水事活动众多，河道全长近 5000km，随着涉水矛盾和纠纷的日益增长，水利执法面临的工作越来越繁重、困难越来越多，执法任务十分艰巨。流域水利执法体制机构不健全、执法人员不足的矛盾日显突出。加之由于缺乏刚性的约束，《水法》被一些人视为可重视可不重视、可遵守可不遵守的“软法”、“豆腐法”。水利执法人员在执法过程中经常受到侮辱、围攻、暴力抗法和人身攻击。水利执法人员不但不能有效地行使执法职权，其最起码的人身安全都得不到保障。水利执法环境艰巨和恶劣。但目前塔里木河流域“四源一干”流域管理机构仅有水政监察员 198 名，且多数均为兼职，水利执法机构不健全、人员短缺已远远不能满足当前塔里木河流域水利执法工作的要求。

根据国家对水资源管理要求，要加快推进依法治水进程，同时，在水利部下发的《关于加强水政监察工作的意见》中，对加强新形势下水政监察队伍建设提出了更高要求。为了深入贯彻落实国家对水资源管理的要求，全面推动塔里木河流域管理单位水政监察队伍建设，针对目前流域水政监察队伍的现状和存在问题，提出了新形势下加强水政监察队伍建设的对策和建议：

（1）进一步提高流域执法人员素质和执法水平为核心的学习、培训工作，每年流域组织全流域水行政执法人员至少进行一次的水行政执法培训，通过培训，执法人员的业务素质普遍提高，执法能力增强，有效地促进了执法工作的顺利开展。并实行水政监察人员培训考核上岗制度，水政监察人员都经过参加培训和考试合格并领取行政执法证后再上岗执法。

（2）不断加强全流域水行政执法保障。能力，往往需要一定的技术手段来支撑。不断改善工作条件，提高技术手段，有利于执法能力的充分发挥。例如，正确的制作执法文书，准确、及时地获取证据资料，自带照相机或摄像机，拍摄的证据安全可靠；要及时打击违法活动或进行现场调查取证，有专用执法车辆，就比租车到现场更具有震慑力和可信度。有时会因为执法装备的原因，影响执法工作的质量和效率，而使执法能力的体现打了折扣。因此不断加强执法保障，使其适应执法工作的需要是执法能力建设不可缺少的方面。执法现场见图 4.9、图 4.10。

图 4.9　对随意架泵取水的违法行为进行执法

图 4.10　对河道内违法建筑物进行清障

（3）加强流域水行政执法的制度建设。行政执法活动的水平和质量的高低直接关系流域水行政执法队伍的形象。因此，加强流域水行政执法责任追究制度建设，强化水行政执法责任，明确水行政执法程序和水行政执法标准，进一步规范和监督水行政执法活动，提高水行政执法水平，以确保依法行政的各项要求得到落实。

（4）在塔里木河流域设置三级专职水利执法机构。即：在塔里木河流域管理单位成立塔里木河流域水政监察总队，在塔里木河流域下坂地管理局、巴音郭楞管理局、阿克苏管理局、喀什管理局、和田管理局、干流管理局、西尼尔管理局等 7 个单位分别成立水政监察支队，根据各水政监察支队的管辖范围等具体情况，在支队下设若干个水政监察大队。水政监察队伍参照公务员管理，工作经费由新疆维吾尔自治区给予支付。塔里木河流域水政监察队伍机构设置见图 4.11。

（5）建立流域水利公安队伍。为有效打击塔里木河流域内侵占、毁坏、盗窃、抢夺水利设施以及妨碍水利执法人员依法执行公务等方面的违法犯罪活动，切实维护流域内的水事安全，保障水利执法工作顺利开展，参照黄河流域委员会的成功做法，建议成立塔里木河流域水利公安，隶属新疆维吾尔自治区公安厅管理，为公安厅派驻在塔里木河流域管理单位。在塔里木河流域管理单位下属的塔里木河流域巴音郭楞管理局、阿克苏管理局、喀什管理局、和田管理局、干流管理处、下坂地水库各设置 1 个水利公安派出所。水利公安

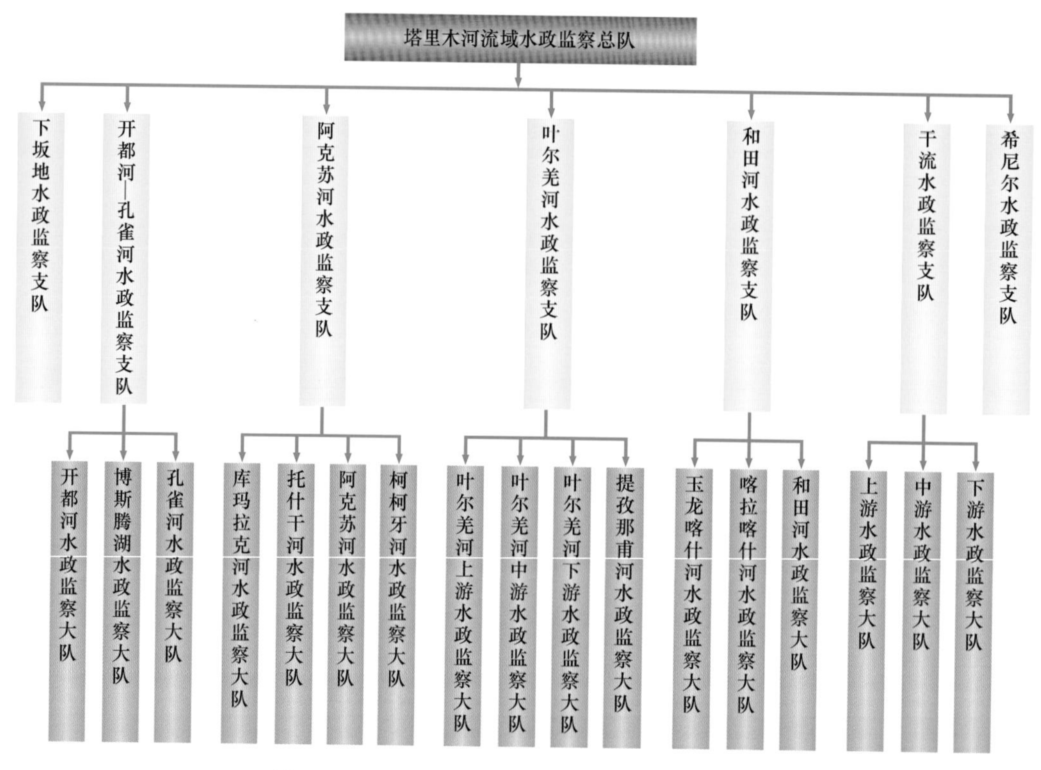

图 4.11　塔里木河流域水政监察队伍机构设置图

机构设置以后，涉及治安、刑事等执法方面的工作受新疆维吾尔自治区公安部门领导；涉及塔里木河流域河道、水事方面的业务工作接受塔里木河流域管理单位及相关部门的指导。

5

流域水量统一调度

5.1 统一调度的依据

为了全面贯彻落实《塔里木河流域近期综合治理规划报告》中明确提出："加强流域水资源统一管理和科学调度是塔里木河流域近期综合治理的关键"，流域内通过节水工程建设和加强流域水资源统一管理调度等工程与非工程措施，确保按期实现塔里木河流域近期综合治理目标，从2002年在塔里木河流域实施了水资源统一调度工作。塔里木河流域水量统一调度的国家政策和依据为：

(1)《水法》第四十五条对水量分配方案作了明确规定："调蓄径流和分配水量，应当依据流域规划和水中长期供求规划，以流域为单元制定水量分配方案。跨省、自治区、直辖市的水量分配方案和旱情紧急情况下的水量调度预案，由流域管理机构与有关省、自治区、直辖市人民政府制定，报国务院或者其授权的部门批准后执行"。

(2)《水权制度建设框架》(水利部水政法〔2005〕12号)中明确提出要按照总量控制和定额管理双控制的要求分配水资源。根据区域行业定额、人口经济布局和发展规划、生态环境状况及发展目标预定区域用水总量，在以流域为单元对水资源可分配量和水环境状况进行综合平衡后，最终确定区域用水总量。区域根据总量控制的要求，按照用水次序和行业用水定额通过取水许可制度的实施，对用水户进行水权的分配。

(3)《水量分配暂行办法》(水利部〔2007〕第32号令)为跨省、自治区、直辖市的水量分配和省、自治区、直辖市以下跨行政区域的水量分配工作给出了具体的指导。

(4) 除以上法律法规外，还依据《塔里木河流域近期综合治理规划的批复》、《塔里木河流域近期综合治理规划报告》、《塔里木河工程与非工程措施五年实施方案》和《塔里木河流域"四源一干"地表水水量分配方案》。

同时，塔里木河流域水资源管理和调度必须认真贯彻执行最严格的水资源管理制度，按照最严格水资源管理制度确定"三条红线"，实施"四项制度"。并按照新疆维吾尔自治区下达的各用水单位的水资源管理控制指标，对流域内的用水单位进行流域的水资源管理和水量统一调度管理工作。

5.2 基本原则

塔里木河流域水资源调度遵循统一调度，总量控制；分级管理，分级负责；分步实施，逐步到位；电力调度服从水量调度的原则。即通过塔里木河流域近期综合治理工程实施后的节水，使流域各用水单位在现状年用水总量指标的基础上逐年递减耗用水指标，力争综合治理项目实施完成后，通过各级管理单位的水量调度管理，达到综合治理确定的规划年耗用水量指标，水量调度逐步到位见图5.1。在实施塔里木河流域水量调度时，首先应当满足城乡居民生活用水的需要，合理安排农业、工业用水，保障生态用水。

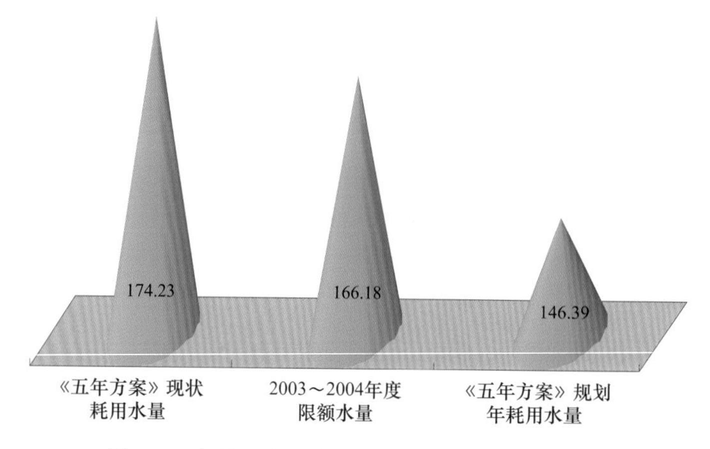

图5.1　水量调度逐步到位示意图（单位：亿 m^3）

塔里木河流域水资源调度的分配原则是：

（1）生态环境与经济社会协调发展，源流与干流、各用水单位、上中下游统筹兼顾。

（2）以确保《塔里木河流域近期综合治理规划报告》规定的源流向塔里木河干流供水指标和干流下游大西海子下泄水量指标为前提，合理控制源流和干流上中游经济用水。采取节水与增水相结合的方式，以节水为主，合理开发地下水，将各源流的区间耗水量以及干流引水量控制在规定的水量分配指标以内。

（3）流域内下泄水量和区间耗水量都随来水量变化丰增枯减。按照丰水年、平水年、枯水年的来水情况，对下泄水量和区间耗水量相应增减，流域不同来水情况下的耗用水和下泄水量见图5.2。

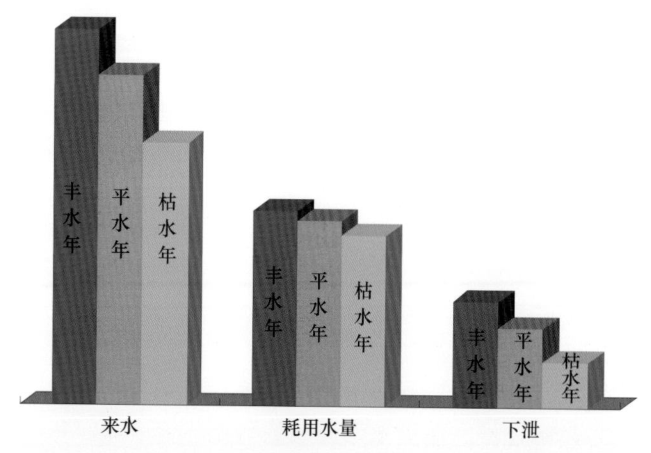

图5.2　流域不同来水情况下的耗用水和下泄水量柱状图

在流域对四源流实施水资源统一管理体制建立前，流域水量统一调度是依据自治区批准的《塔里木河流域“四源一干”水量分配方案》，结合上一年流域各用水单位的实施流域综合治理工程项目的完成工程的节水水量，确定年度各用水单位的年度用水总量指标，每年5月，由塔里木河流域管理单位代表自治区提出下一年度水量调度预案，经塔里木河流域水利委员会常委会审批后发布执行。执行过程中再根据实际来水、用水情况，进行月旬计划调整，关键调度期6～9月按旬进行调度。调度指令的执行由各用水单位所管辖的流域管理局负责实施，塔里木河流域水量调度管理框见图5.3，塔里木河流域管理单位对流域各用水单位的引水口进行不定期的驻点督查见图5.4。调度期结束后，根据各流域的实际来水量，年度用水量限额指标随来水量变化丰增枯减。

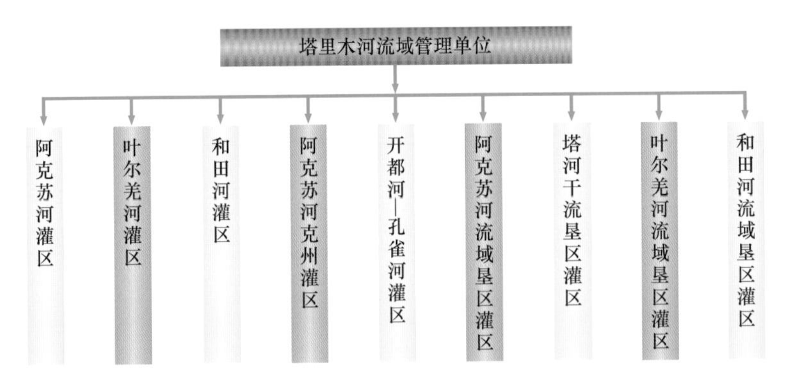

图5.3　塔里木河流域水量调度管理框图

图5.4　驻点督察关闭的闸口

流域对四源流实施水资源统一管理体制建立后，制定各用水单位的年度用水总量指标方法和依据不变，塔里木河流域水量调度工作由塔里木河流域水利委员会和自治区水行政主管部门负责指导、协调和监督。塔里木河流域的阿克苏管理局、和田管理局、喀什管理局、巴音郭楞管理局和干流管理局按照批准的用水计划负责灌区内的水量调度和管理。塔里木河流域水量统一调度管理和监督检查工作由塔里木河流域管理单位具体负责。塔里木河流域管理单位所属流域管理机构负责实施管辖范围内的水量统一调度管理工作。

5.3 目的和目标

自塔里木河综合治理以来，塔里木河流域水量调度按照分步实施、逐步到位的原则，结合塔里木河流域近期综合治理工程建设，通过实施水量调度，使流域各用水单位在现状用水量基础上，逐年减少引用水量，力争综合治理项目实施完成后，达到《塔里木河流域“四源一干”地表水水量分配方案》规定的用水指标，确保实现近期综合治理规划目标，即在多年平均来水条件下，阿克苏河、叶尔羌河、和田河进入塔里木河干流水量分别为34.2亿m^3、3.3亿m^3、9亿m^3，开都河—孔雀河向塔里木河干流输水4.5亿m^3，塔里木河干流阿拉尔来水量达到46.5亿m^3，大西海子断面下泄水量3.5亿m^3。塔里木河流域水量调度的终极目标是实现水资源优化配置，维持塔里木河健康生命，以水资源可持续利用支撑流域经济社会的可持续发展。

具体塔里木河流域“四源一干”不同保证率来水情况下的用水总量和关键控制断面下泄目标如下：

（1）阿克苏河流域。分配塔里木拦河闸和巴吾托拉克断面下泄水量、流域区间耗水量以及阿克苏河灌区和阿克苏流域垦区灌区区间耗水量。克州阿合奇县在托什干河沙里桂兰克水文站上游引水，将其作为独立灌区单独分水。

1）可分配水量。阿克苏河流域可分配水量为沙里桂兰克水文站和协合拉水文站来水量以及两水文站至西大桥断面区间产流，多年平均为80.60亿m^3，$P=25\%$、$P=50\%$、$P=75\%$、$P=90\%$年份来水量分别为88.49亿m^3、80.60亿m^3、72.51亿m^3、66.78亿m^3。

2）水量分配方案。根据阿克苏河来水量、河道损失和国民经济用水进行分配。

①河道损失：根据《阿克苏河流域灌区节水改造五年实施方案》，阿克苏河河道损失发生在西大桥以上，多年平均为2.10亿m^3，按损失占来水的百分比计算25%、50%、75%、90%年份的河道损失水量分别为2.30亿m^3、2.10亿m^3、1.89亿m^3、1.74亿m^3。

②水量分配：根据规划年流域水量平衡计算的流域国民经济用水量，推求流域用水单位的用水量如下：

阿克苏河灌区分配水量：阿克苏河灌区国民经济用水量加分水区间的河道损失即为阿克苏河灌区分配水量。

阿克苏河流域垦区灌区分配水量：阿克苏河流域垦区灌区国民经济用水量就是其分配水量，其中包含水库损失4.08亿m^3。

克州阿合奇县分配水量：克州阿合奇县位于阿克苏河源流托什干河上，引水口处于托什干河水量控制断面沙里桂兰克水文站以上，为一独立灌区，只对其用水总量进行限额控制。克州阿合奇县是自治区级贫困县，农业灌溉水平较低，现状灌溉面积9.14万亩，综合毛灌溉定额约1150m^3/亩，灌溉需水量为1.05亿m^3；另人畜及工业用水0.07亿m^3，两项合计 1.12 亿 m^3。阿合奇县以牧业为主，再考虑其天然草场用水 0.6 亿 m^3，共分配水量为 1.72 亿 m^3。

下泄塔里木河水量：拦河闸和巴吾托拉克闸向塔里木河供水量按阿克苏河来水量减去河道损失与流域国民经济用水量确定。

不同保证率年份水量分配结果见表 5.1。

表 5.1　　阿克苏河不同保证率年份水量分配方案　　单位：亿 m^3

频率 P /%	阿河来水量	区间耗水量（两河水文站—拦河闸和巴吾托拉克闸前）			拦河闸和巴吾托拉克闸前来水量	阿克苏流域垦区灌区		拦河闸和巴吾托拉克闸后泄水量
		合计	阿克苏河灌区	阿克苏河流域垦区灌区沙井子、四团、六团引水		塔里木灌区引水（含库损）	总引水量（含库损）	
25	88.49	31.19	25.41	5.78	57.30	15.25	21.05	42.03
50	80.60	31.13	25.35	5.78	49.47	15.25	21.05	34.20
75	72.51	30.83	25.05	5.78	41.68	15.25	21.05	26.41
90	66.78	27.79	22.59	5.20	38.99	13.77	18.97	25.22

（2）和田河流域。分配玉龙喀什河渠首和喀拉喀什河渠首（合称两河渠首）下泄水量、肖塔断面下泄水量、来水断面至两河渠首之间的区间耗水量以及和田河灌区和和田河流域垦区灌区区间耗水量。

1）可分配水量。和田河流域可分配水量为乌鲁瓦提水文站和同古孜洛克水文站来水量，多年平均径流量 43.67 亿 m^3，$P=25\%$、$P=50\%$、$P=75\%$、$P=90\%$年份来水量分别为 50 亿 m^3、42.7 亿 m^3、36.1 亿 m^3、31 亿 m^3。

2）水量分配方案。根据规划 2005 年水平年两河来水量、河道损失量和灌区需引河水量进行分配。

①两河水文站至两河渠首的河道损失：根据和田河流域水管部门在同一时段实测流量间的损失率计算，现状喀河夏季 4%、枯水期 10%，玉河夏季 2%、枯水期 4%。规划 2005 年水平年，玉河河道损失量与现状年相同，喀河来水经乌鲁瓦提水库调节后河道损失有所增加。经计算，和田河 25%、50%、75%、90%年份两河水文站至两河渠首的河道损失分别为：1.9 亿 m^3、1.64 亿 m^3、1.46 亿 m^3、1.31 亿 m^3。

②水量分配：根据规划年流域水量平衡计算的流域国民经济用水量，推求流域用水单位的用水量如下：

a. 区间耗水量。不同保证率年份来水断面至两河渠首之间河道损失与流域国民经济用水量之和为和田河流域区间耗水量。将区间耗水量分解：

待发展面积用水量：2005 年流域增加的 45.37 万亩灌溉面积用水，按 2005 年和田河流域综合毛灌溉定额 923.48m^3/亩，核定待发展灌溉面积 45.37 万亩分配水量为 4.19 亿 m^3，其中 2.82 亿 m^3 已分配给和田河灌区，剩余的 1.37 亿 m^3 分配给和田河流域垦区灌区。

和田河流域垦区灌区分配水量：现状灌溉面积 3.18 万亩，现状毛灌溉定额 1168.3m^3/亩，分配水量 0.37 亿 m^3。

和田河灌区分配水量：流域国民经济用水量中扣除待发展灌溉面积用水和和田河流域垦区灌区分配水量后剩余的部分加上两河水文站至两河渠首的河道损失即为和田河灌区分配水量。

b. 断面下泄水量。和田河来水量减去两河渠首以上区间耗水总量为两河渠首下泄水量。肖塔来水量根据现状两河渠首下泄水量与肖塔站水量关系式（5－1）推求。

$$Y_{肖} = 0.8843X_{两河渠首} - 7.1019 \tag{5-1}$$

不同保证率年份水量分配方案见表 5.2。

表 5.2　不同保证率年份水量分配方案　单位：亿 m^3

频率 P /%	来水量	区间耗水				下泄水量	
		小计	和田河灌区	和田河流域垦区灌区	待发展面积	两河渠首	肖塔
25	50.00	24.42	19.86	0.37	4.19	25.53	15.51
50	42.70	24.16	19.60	0.37	4.19	18.54	9.29
75	36.10	20.84	16.27	0.37	4.19	15.26	6.39
90	31.00	20.69	16.12	0.37	4.19	10.33	2.02

（3）叶尔羌河流域。叶尔羌河流域水量分配包括叶尔羌河艾里克塔木断面下泄水量、黑尼亚孜向塔里木河下泄水量、艾里克塔木断面以上区间耗水量分配以及叶尔羌河灌区和叶尔羌河流域垦区灌区区间耗水量分配。

1）可分配水量。叶尔羌河流域可分配水量为叶尔羌河、提孜那甫河、乌鲁克河和柯克亚尔河来水量，多年平均 74.27 亿 m^3，其中叶尔羌河卡群水文站多年平均年径流量 65.2 亿 m^3，提孜那甫河玉孜门勒克水文站多年平均年径流量 8.10 亿 m^3，乌鲁克河 0.893 亿 m^3，柯克亚尔河 0.080 亿 m^3。$P=25\%$、$P=50\%$、$P=75\%$和 $P=90\%$年份径流量分别为 84.19 亿 m^3、72.79 亿 m^3、65.06 亿 m^3、58.47 亿 m^3。

2）水量分配方案。黑尼亚孜断面下泄水量按照《近期规划》确定的多年平均来水条件下的下泄塔里木河水量指标 3.3 亿 m^3 确定。

按照《叶尔羌河流域规划环境影响评价报告》中叶河夏河林场断面水量与黑尼亚孜断面水量相关关系式（5－2）：

$$Y_{黑} = 0.8157X_{夏} - 2.6159 \tag{5-2}$$

首先由黑尼亚孜断面水量 3.3 亿 m^3 计算出夏河林场断面水量，再加上艾里克塔木至夏河林场之间河道损失 1 亿 m^3，可推算出艾里克塔木断面下泄水量指标多年平均为 8.25 亿m^3，再考虑卡群至艾里克塔木的河道输水损失，需在卡群留 9.71 亿 m^3 生态水，即卡群 9.71 亿 m^3 生态水到艾里克塔木断面为 8.25 亿 m^3，到黑尼亚孜断面为 3.3 亿 m^3，达到规划的多年平均下泄塔里木河水量目标。

规划年在保证生态水的前提下严格按叶尔羌河流域现行的分水制度和分水比例给各灌区分配水量，即以分水断面的流量扣除应下放给下游以及塔里木河的生态水，再扣除河道损失和机动水，其余水量按比例分给各子灌区。$P=50\%$来水条件下，分水断面来水72.79亿m³，扣除生态水9.71亿m³、河道损失12.86亿m³，留机动水4.48亿m³，地方灌区和叶尔羌河流域垦区灌区分得的比例水分别为41.51亿m³、5.69亿m³；考虑叶尔羌河流域垦区灌区地处叶河下游，灌溉用水存在一些实际困难，将全年机动水的67%分给叶尔羌河流域垦区灌区前海灌区，其余的33%分给地方灌区；由此，地方灌区和叶尔羌河流域垦区灌区比例水和机动水合计后的分配水量分别为42.97亿m³、8.71亿m³。卡群—48团渡口段河道损失9.6亿m³，48团渡口—艾里克塔木段河道损失3.26亿m³，则地区与叶尔羌河流域垦区灌区分配的区间耗水量分别为52.57亿m³、11.97亿m³。不同保证率年份，考虑卡群所留生态水量的变化及河道损失的变化，以同样的方法给各灌区分配水量。水量分配方案见表5.3。

当卡群来水（不含提河等小河来水）59.02亿m³，对应的频率为64%，黑尼亚孜断面下泄水量开始为0，各节点生态水量为卡群5.13亿m³、艾里克塔木4.21亿m³、黑尼亚孜为0，即卡群来水频率不小于64%时，黑尼亚孜断面下泄塔里木河水量均为0。

表5.3　　不同保证率年份水量分配方案　　单位：亿m³

频率P /%	卡群来水量	区间耗水量（卡群—48团渡口）			48团渡口	区间耗水量（小海子灌区）	叶尔羌河流域垦区灌区区间耗水量（前海灌区）	艾里克塔木下泄水量（含水库泄洪闸泄水）	黑尼亚孜泄水量
		合计	叶尔羌河灌区	前进（引水）					
25	84.19	60.3	57.93	2.37	23.89	12.84	15.21	11.05	5.58
50	72.79	54.78	52.57	2.21	18.01	9.76	11.97	8.25	3.3
75	65.06	54.6	52.3	2.30	10.46	7.83	10.13	2.63	0
90	58.47	52.84	50.74	2.10	5.63	5.63	7.73	0	0

（4）开都河—孔雀河流域。根据国务院批准实施的《塔里木河流域近期综合治理规划报告》，开都河—孔雀河流域经过塔里木河流域近期综合治理，实现开都河—孔雀河向塔里木河多年平均供水4.5亿m³的目标，其中包括无偿增加生态2亿m³和向塔里木河下游塔里木河干流垦区灌区塔里木垦区供水2.5亿m³。对该流域只分配向塔里木河干流供水量。

向塔里木河下游供水过程线。《近期规划》要求开都河—孔雀河流域通过节水和开采地下水，置换河水，同时通过修建博斯腾湖东泵站扩大博斯腾湖供水能力，修建博斯腾湖至66公里分水闸的输水干渠约165km，完善博斯腾湖输水系统建设，开都河—孔雀河无偿向塔里木河下游输送2亿m³生态水，该值为固定值，不随开都河—孔雀河来水丰枯而变化。

开都河—孔雀河流域现状向塔里木河下游垦区灌区供水2.5亿m³。考虑到博湖自身生态需要保护和孔雀河缺水的现实，为提高向塔里木河下游垦区灌区塔里木垦区2.5亿m³水量的供水保证率，不修阿群干渠，将计划建设阿群干渠的资金安排在开都河—孔雀河垦区灌区焉耆灌区进行高新节水和开采地下水，以保证进入博湖的水量。

根据《塔里木河工程与非工程措施五年实施方案》确定规划水平年开都河—孔雀河向塔里木河下游供给2亿m^3生态水和向塔里木垦区供水2.5亿m^3的过程线见表5.4。

表5.4　开都河—孔雀河向塔里木河下游供水过程线　单位：亿m^3

月份		1	2	3	4	5	6	7	8	9	10	11	12	合计
总供水量		0.6	0.6	0.5	0.15	0.4	0.2	0	0.4	0.45	0.3	0.3	0.6	4.5
其中	塔里木垦区	0.3	0.3	0.3	0	0	0.2	0	0.4	0.10	0.3	0.3	0.3	2.5
	生态	0.3	0.3	0.2	0.15	0.4	0	0	0	0.35	0	0	0.3	2

（5）塔里木河干流。塔里木河干流水量分配包括分配控制断面下泄水量、上中下游区间耗水量以及上游阿克苏河灌区、中游开都河—孔雀河灌区地区、下游塔河干流垦区灌区国民经济用水量。

1）可分配水量。可分配水量为阿克苏河、和田河、叶尔羌河三源流下泄至塔里木河干流的水量以及开都河—孔雀河向干流下游的输水量，多年平均阿拉尔46.5亿m^3，孔雀河66km分水闸4.5亿m^3，合计51亿m^3。

2）水量分配。塔里木河干流上游三源流—阿克苏河、叶尔羌河和和田河来水频率不同步，频率组合比较复杂，故在水量分配时不以频率计算结果作为依据。纵观塔里木河干流阿拉尔站1957～2000年的来水情况：最大来水量69.59亿m^3，最小来水量25.59亿m^3，因此，在水量分配中对阿拉尔站来水拟定10种不同来水年进行水量分配方案的研究，即：25亿m^3、30亿m^3、35亿m^3、40亿m^3、45亿m^3、50亿m^3、55亿m^3、60亿m^3、65亿m^3、70亿m^3。根据阿拉尔不同来水、各河段国民经济用水和生态耗水量从上至下递推下游各节点水量。

①阿拉尔多年平均来水条件下水量分配方案。用历年系列资料分析塔里木河干流河道水面蒸发、渗漏量、蓄变量和漫溢跑水量，分别建立模型，并根据这些模型参数及各种水量组成关系，建立塔里木河干流上、中游水量平衡模型，在此基础上，考虑2005年干流实施节水工程和堤防工程后中游河段的漫溢跑水受到控制。运用该模型计算，对于阿拉尔站46.5亿m^3来水，上游区间耗水量20.10亿m^3，其中阿克苏河灌区国民经济用水4.06亿m^3，河道蒸发渗漏、漫溢跑水量等生态耗水量16.04亿m^3，英巴扎下泄26.40亿m^3；中游区间耗水量21.35亿m^3，其中生态耗水量16.65亿m^3，开都河—孔雀河灌区农业灌溉用水3.46亿m^3，石油用水1.24亿m^3，国民经济总用水4.7亿m^3，下泄至恰拉5.05亿m^3。加上开都河—孔雀河向塔里木河下游供水4.5亿m^3，恰拉合计来水9.55亿m^3。根据《近期规划》水量平衡结果，当恰拉多年平均来水9.55亿m^3时，塔里木河干流垦区灌区国民经济用水4.55亿m^3，恰拉至大西海子泄洪闸河损及库损1.50亿m^3，大西海子多年平均下泄水量3.5亿m^3。

②阿拉尔不同来水年水量分配方案。以阿拉尔多年平均来水条件下水量分配方案为基础，对阿拉尔不同来水年份，上、中游区间耗水量和下泄水量按多年平均分水比例计算。对于区间耗水量中的国民经济用水部分，当阿拉尔来水不小于75%年份来水量（37.94亿m^3）时，保证国民经济用水；来水量低于75%保证率水量时，农业灌溉遭到破坏，国民经济用水均按多年平均的90%供给。不同来水年份，塔里木河干流下游垦区灌区国民经

济用水计算方法。大西海子下泄水量按多年平均下泄水量占恰拉来水量的比例计算。恰拉来水减去国民经济用水和大西海子下泄水量后剩余水量为河损、库损及生态用水。不同保证率年份塔里木河干流水量分配方案见表5.5。

表5.5　　不同保证率年份塔里木河干流水量分配方案表　　单位：亿 m^3

	阿拉尔来水		25	30	35	40	45	46.5	50	55	60	65	70
上游	国民经济用水		3.65	3.65	3.65	4.06	4.06	4.06	4.06	4.06	4.06	4.06	4.06
	生态用水		7.15	9.31	11.48	13.23	15.39	16.04	17.55	19.71	21.88	24.04	26.20
	英巴扎水量		14.19	17.03	19.87	22.71	25.55	26.40	28.39	31.23	34.06	36.90	39.74
中游	英巴扎来水量		14.19	17.03	19.87	22.71	25.55	26.40	28.39	31.23	34.06	36.90	39.74
	国民经济用水		4.23	4.23	4.23	4.7	4.7	4.7	4.7	4.7	4.7	4.7	4.7
	其中	灌溉	2.99	2.99	2.99	3.46	3.46	3.46	3.46	3.46	3.46	3.46	3.46
		石油	1.24	1.24	1.24	1.24	1.24	1.24	1.24	1.24	1.24	1.24	1.24
	生态用水		7.25	9.54	11.84	13.67	15.96	16.65	18.26	20.55	22.85	25.14	27.44
	恰拉水量		2.72	3.26	3.80	4.34	4.89	5.05	5.43	5.97	6.52	7.06	7.60
下游	恰拉来水量		7.22	7.76	8.30	8.84	9.39	9.55	9.93	10.47	11.02	11.56	12.10
	国民经济用水		4.10	4.10	4.10	4.55	4.55	4.55	4.55	4.55	4.55	4.55	4.55
	生态用水		0.87	1.02	1.17	1.20	1.40	1.50	1.74	2.08	2.43	2.77	3.12
	大西海子下泄		2.25	2.64	3.04	3.10	3.44	3.50	3.64	3.84	4.04	4.24	4.44

表5.5中恰拉来水量均含开都河—孔雀河供水4.5亿 m^3。

5.4　手段和方法

塔里木河流域水量调度的方法和手段主要是保证水量调度工作达到其应有社会效益、经济效益和生态环境效益，必须采取行政的、工程的、经济的、法律的、技术的方法和手段进行调度。以下通过管理措施、工程措施和水文信息监测网点的布设措施进行说明。

5.4.1　管理措施

在流域对四源流实施水资源统一管理的体制以前，水量分配方案和年度水量调度预案是进行流域水量统一调度的基础。依据国务院批准的《塔里木河流域近期综合治理规划报告》及水利部、黄河水利委员会审查通过的《塔里木河工程与非工程措施五年实施方案》，通过借鉴黄河和黑河流域水资源调度管理的成功经验，同时结合塔里木河流域的实际情况，根据《塔里木河流域“四源一干”地表水水量分配方案》通过统计本年度近期综合治理节水工程完工项目，核定流域各用水单元的实际节水能力，编制完成下一年度《塔里木河流域“四源一干”水量调度方案》。在调度年的5月底，依据《塔里木河流域“四源一干”水量调度方案》确定的限额耗用水总量控制指标，在核算当年前期实际耗用水量基础上，编制了《塔里木河流域“四源一干”水量调度预案》，并以此作为每年汛期旬月调度的依据。

为规范流域水量调度工作，制定并由自治区人民政府批准下发了《塔里木河流域水量统一调度管理办法》，该办法成为加强塔里木河流域水资源统一管理和科学调度提供了法律保障。塔里木河流域管理单位依据《塔里木河流域水量统一调度管理办法》和年度水量调度预案，严格按照“科学预测，精心调度，强化监督，加强协调”的要求，采取“年计划、月调节、旬调度”的调度方式开展水量调度工作。非汛期，认真督促和监督各用水单位按年度用水限额做好年内月、旬用水计划，加强冬春季用水管理，控制用水。调度年的5月，根据各河预报来水量和各用水单位上报的旬用水计划，编制流域年度6～9月调度预案，报塔里木河流域管理委员会执委会批准后执行。6～9月实时调度期，塔里木河流域管理单位密切关注各流域水情变化，每旬的头两天，及时结算各用水单位上一旬实际耗用水量，并与计划相比较，然后根据各河来水修正预报及上一旬超用水情况进行滚动分析计算，调整当旬计划并下达调度指令。调度期间，一旦发现超调度计划用水情况，立即以明传电报或文件形式下发调度指令，要求用水单位采取关闸闭口或压闸减水措施扣减超用水量。为保证水量调度指令的贯彻执行，塔里木河流域管理单位成立督查组，采取驻点督查、巡回督查、突击检查等方式，适时对水量调度指令执行情况进行检查和督导。在特别年份的调度末期，还对阿克苏河流域和叶尔羌河流域果断采取倒计时、日调度措施，使超限额水量减至最小，从而有效地控制了超用水局势。

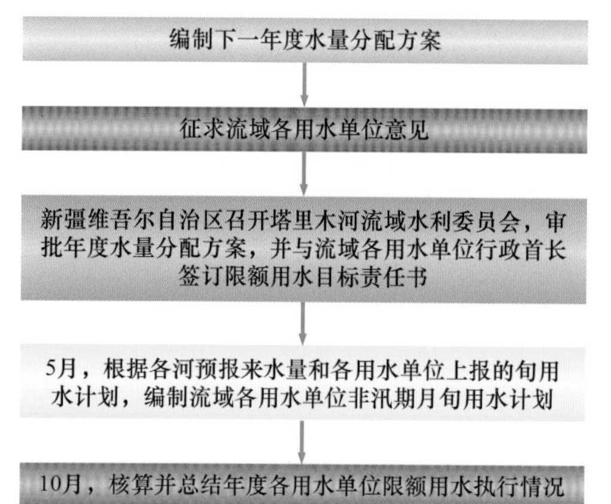

图5.5　水量调度工作程序图

水量调度工作程序见图5.5。

由于塔里木河流域经济落后，人们的法制观念还很淡薄，在流域水资源统一管理体制改革以前，水量调度主要依靠行政手段，由塔里木河流域管理单位负责对流域水资源实行统一调度管理，负责依据年度水量分配方案制定水量调度预案，并负责监督实施。调度过程中，如果用水单位拒不执行调度指令，则由自治区出面协调解决。

流域水资源统一管理体制建立后，流域用水量分配方案的编制及具体工作程序如下。

塔里木河流域用水量分配方案的编制的程序：依据新疆维吾尔自治区分配给各用水单位的水资源管理指标和《塔里木河流域“四源一干”地表水水量分配方案》，流域内各地（州）人民政府或者行政公署依据用水总量控制指标编制本行政区域的用水总量控制方案，报塔里木河流域管理单位审查，经新疆维吾尔自治区水行政主管部门复核，报新疆维吾尔自治区人民政府批准。塔里木河流域管理单位依据新疆维吾尔自治区人民政府批准的用水总量控制指标，商流域内各地（州）人民政府或者行政公署以及重要水库、水电站管理单位制定年度水量分配方案，报塔里木河流域水利委员会批准并下达。经批准的年度水量分配方案，是确定年度水量调度计划的依据。

年度水量调度计划，应当由塔里木河流域管理单位依据经批准的年度水量分配方案和年度预测来水量、水库蓄水量，按照同比例丰增枯减的原则，在综合平衡申报的年度用水计划和重要水库、水电站运行计划建议的基础上制定。

具体工作程序如下：

（1）水量分配工作程序（见图5.6）。编制下一年度水量分配方案（12月初）——塔里木河流域管理单位研究确定初步方案——征求流域各用水单位意见（12月中旬）——结合各用水单位意见，塔里木河流域管理单位研究确定下一年度水量分配方案，并草拟限额用水目标责任书（12月下旬）——塔里木河流域管理委员会审批年度水量分配方案，并与流域各用水单位行政首长签订限额用水目标责任书（塔里木河流域管理委员会召开期间）。

（2）用水计划审批程序（见图5.7）。各用水单位根据批准的水量分配方案编制各灌区年度水量分配方案和年度、月旬用水计划——塔里木河下属管理单位初审——塔里木河流域管理单位审查——塔里木河流域管理单位向局属各单位下达各用水单位各县（市）、兵团师的年度水量分配方案和月旬用水计划（具体时间依据塔里木河流域水利委员会会议召开时间依次推算）。

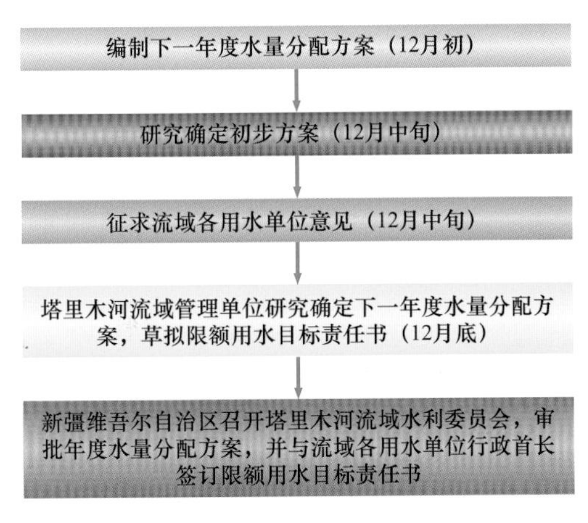

图5.6　水量分配工作程序

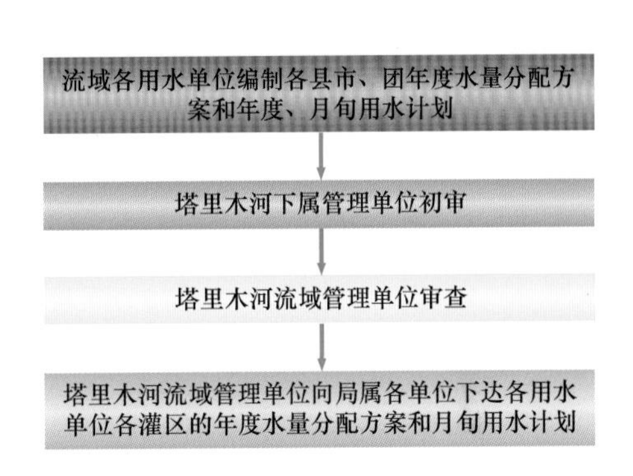

图5.7　用水计划审批程序图

（3）水量调度程序（见图5.8）。结算上一月水账，编制下一月（阶段）用水计划（上一月、阶段的倒数第2天）——领导审批（正常情况下由分管领导审批，特殊情况下由分管领导审核，报主管领导审批）——向局属单位下达调度指令（上一月、阶段的倒数第1天）——滚动分析用水量，监督水量调度指令执行情况——实地督查（不定期）——总结水量调度工作，按月发布水调通报（每月、阶段5日前）。

5.4.2　工程措施

塔里木河近期综合治理项目中，在干流新建输水堤369.5km，建设生态闸（堰）49座，控制枢纽4座，河道护岸32km以及管理道路和桥梁工程，大西海子水库改造和下游河道疏浚工程，通过以上工程的建成，大大地提高了干流河道的输水能力和输水效率，为干流沿岸生活、生产、生态用水提供了保障，为干流水量统一调度提供了保障。下坂地水库工程见图5.9、干流输水堤工程见图5.10。

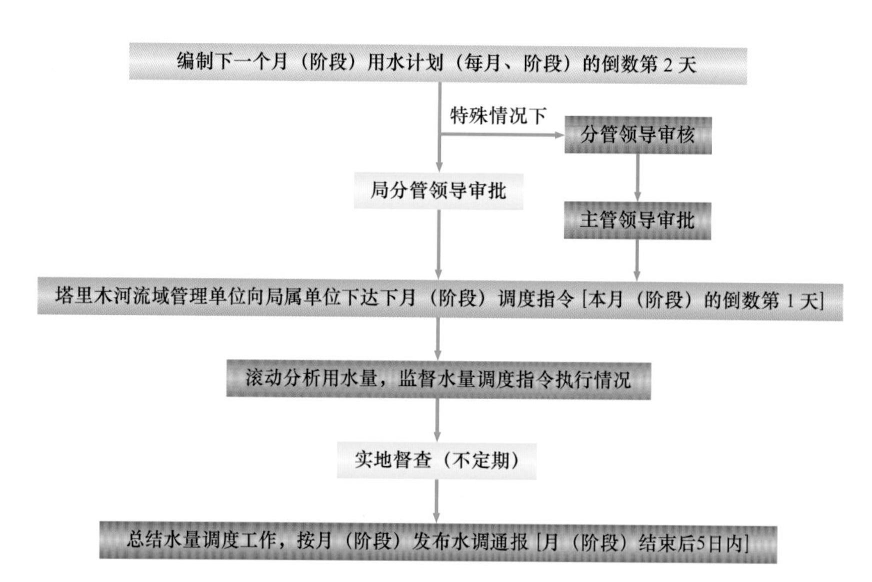

图 5.8　水量调度程序图

图 5.9　下坂地水库工程

图 5.10　干流输水堤工程

博斯腾湖输水工程是从博湖东泵站扬水至孔雀河，通过孔雀河向塔里木河干流下游生态输水2.0亿m^3，输水线路有两条线路：一条为孔雀河第一分水枢纽——希尼尔水库——库塔东干渠——66分水闸——恰拉——大西海子——台特玛湖（图5.11紫色线的路线）；另一条为孔雀河第一分水枢纽——普惠水库——66分水闸——恰拉——大西海子——台特玛湖（见图5.11红色线的路线），工程可以为塔河干流生态输水提供保障。同时，在干流旱情紧急的情况下，开都河来水较丰的情况下，对塔河干流下游进行应急调水，是流域水量统一调配的工程保证。

还有另一条主要的输水线路为塔河干流输水线路（见图5.11蓝色线的路线），具体见图5.11塔里木河干流生态输水线路。

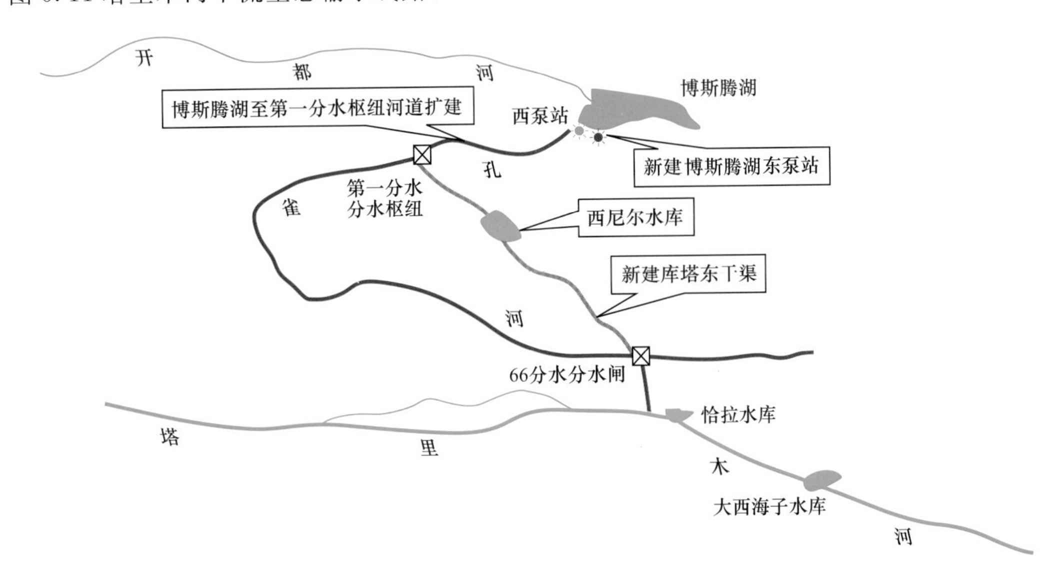

图5.11　塔里木河干流生态输水线路图

5.4.3　水文信息监测网点的布设

塔里木河流域水量调度是一项庞大的系统工程，要适应经济社会快速发展的需求，就必须向高科技、向现代化迈进。流域水量调度的水量测验、预报等精度较低，数据采集、传输和处理速度不能满足实时水量调度的要求，对引水闸门缺乏自动监控手段。因此，必须尽快利用现代遥感技术、地理信息系统技术和全球定位系统技术等手段，在全流域建立一套先进、实用、高效的塔里木河水资源调度管理系统，提高包括来水预报、水文观测、年度水量调度预案的科技含量，实时采集、传输和快速接受处理各类水调信息，实时监控水量调配情况，实现流域水量科学合理地调度。

图5.12　流域水文监测站点

在塔里木河干流上、中游，初步建成了塔

里木河流域水量调度管理系统，建起了信息化基础平台，实现了29个水文站点水情的实时传输（见图5.12）和塔里木河干流下游生态监测数据的自动采集及传输，同时对4个重要的水利控制枢纽进行了远程监视和控制，强化了实时水量调度手段。

5.5 实施效果

通过近10年来的统一调度实践，尤其是2011年“四源流”管理机构整建制移交以来，塔里木河流域水资源统一管理力度不断加大。各用水单位计划用水、节约用水意识进一步增强，塔里木河下游来水量增加，水量统一调度取得了诸多实质性的成效，开创了塔里木河流域水量统一调度管理的新局面。统一调度实施效果概括为以下几个方面：

（1）流域各用水单位的各级领导对加强塔里木河流域水量统一调度管理的认识大大提高和转变，认识逐步统一到必须强化水资源的统一管理和调度，统一到节约用水、计划用水、高效用水，认真执行用水计划，层层分解用水计划指标，加强了各级领导和部门通过节水措施来实现用水指标的认识，在流域内促进了节水，对于实现近期规划目标起到重要作用。同时，进一步地推进了由区域管理模式向流域统一管理与区域管理相结合，区域管理服从流域管理模式的转变进程。

（2）通过实施水量统一调度管理，结合干流输水堤防等工程的建设，初步实现了流域水资源的合理配置，确保了源流向干流输水，在一定程度上缓和了源流与干流，干流上、中、下游的用水矛盾，保证了各用水单位计划指标内的生产和生活用水，增加了生态用水，发挥出流域水资源的社会、经济和生态环境的综合效益。资料显示，1995年塔里木河干流上游阿拉尔站来水60.84亿m^3，下游恰拉站来水仅2.7亿m^3；2011年阿拉尔站来水52.58亿m^3，比1995年少来水8.26亿m^3，但下游恰拉站来水达到11.73亿m^3。下游来水增加，促进了社会稳定，安定了人心，逐步改善了下游区域环境，为地方经济发展奠定了基础。因生态恶化曾面临整体搬迁的塔里木河下游塔里木河干流垦区灌区塔里木垦区，由于用水得到了保证，2008～2010年人均收入连续三年增长，连续五年成为我国棉花生产大面积单产最高的灌区。成绩的取得，有多方面的努力，但与塔里木河治理有着十分密切的关系。流域生态环境日益恢复见图5.13。

2008年，流域内巴州灌区、阿克苏、克州、喀什、和田五地州农民人均纯收入分别达到5787元、4313元、1695元、2870元、2226元，分别比2001年增长1.11倍、1.26倍、58.26%、1.57倍、1.7倍；阿克苏流域垦区灌区、开都河—孔雀河垦区灌区、叶尔羌河流域垦区灌区和和田河垦区灌区农工家庭人均纯收入分别达到8524元、7876元、6346元、4230元，同比增长55%、1.09倍、1.42倍、1.11倍。流域内开都河—孔雀河灌区、阿克苏河灌区、叶尔羌河灌区、和田河灌区的地区生产总值分别达到585.76亿元、273.12亿元、27.68亿元、238.57亿元、74.52亿元，分别比2001年增长3.14倍、1.64倍、1.75倍、1.89倍、1.41倍；农林牧渔业总产值分别达到100.21亿元、121.34亿元、12.82亿元、208.62亿元、58.87亿元，同比增长2.1倍、1.13倍、97.53%、1.98倍、80.33%。兵团阿克苏流域垦区灌区、开都河—孔雀河垦区灌区、叶尔羌河流域垦区灌区和和田河垦区灌区生产总值分别达到64.39亿元、36.34亿元、26.16亿元、3.26亿元，

图 5.13 流域生态环境日益恢复

分别比 2001 年增长 4.16 倍、4.57 倍、4.44 倍、6.95 倍；农林牧渔业总产值分别达到 68.41 亿元、33.45 亿元、32.29 亿元、3.04 亿元，同比增长 1.83 倍、1.78 倍、1.86 倍、3.54 倍。因生态恶化曾面临整体搬迁的塔里木河下游塔里木河干流垦区灌区塔里木垦区，由于用水得到保证，2008～2010 年人均收入连续三年增长，连续五年成为我国棉花生产大面积单产最高的灌区。

（3）截至 2013 年底，成功实施了 14 次生态输水，并根据来水情况实施双河道输水，即通过老其文阔尔河和老塔里木河双河道输水，进一步扩大塔里木河下游生态植被的受水面积，对塔里干流下游的生态环境的恢复起到了显著地成效。据统计，从大西海子水库累计下泄水量 46.18 亿 m^3，十一次将水输到台特玛湖，最大形成 350 余 km^2 湖面，结束了塔里木河下游河道连续断流近 30 年的历史，改善了下游生态环境。

通过向塔里木河下游生态输水，下游生态环境得到了初步改善。据监测数据显示，同输水前相比，距主河道 1km 以内的地下水位由至地面 7m 以下回升到 2～4m；地下水矿化度由高于 3～11.1g/L 降至 1.5～2.6g/L；河道两侧植物物种由 17 种增加到 46 种（见图 5.14），天然植被恢复面积达 105 万亩，沙地面积减少了 130 万亩，塔克拉玛干、库鲁克塔格两大沙漠合拢的趋势得到有效遏制，218 国道经常被沙埋的问题基本得到解决；大量的盐渍化耕地得到改良；以往难觅踪迹的野生动物也已常见。同时，随着干流 44 座生态闸的相继建成，通过生态闸有的放矢地向沿河林区泄洪，改变了沿河林区长期依靠汛期洪水无序漫溢灌溉，水量分布不均、旱涝差别大，过水面积小、水资源不能充分利用的状况，有效扩大了林区过水面积，提高了有限水资源的利用率，使干流上中游林草植被得到了有效保护和恢复，河道两侧已有相当数量的次生苗出现，林草覆盖面积呈现出逐年扩大

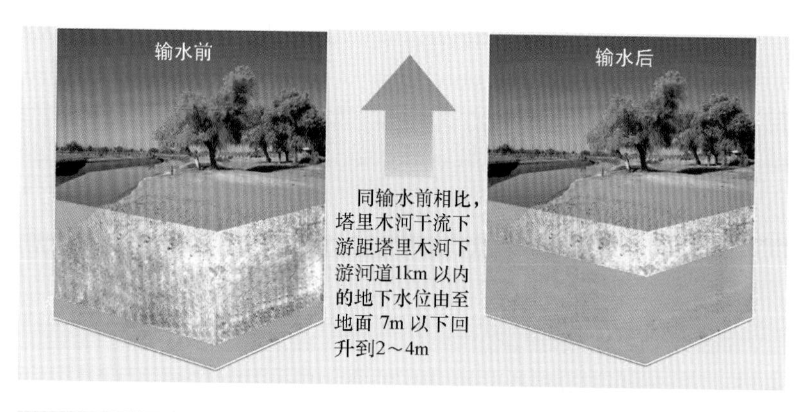

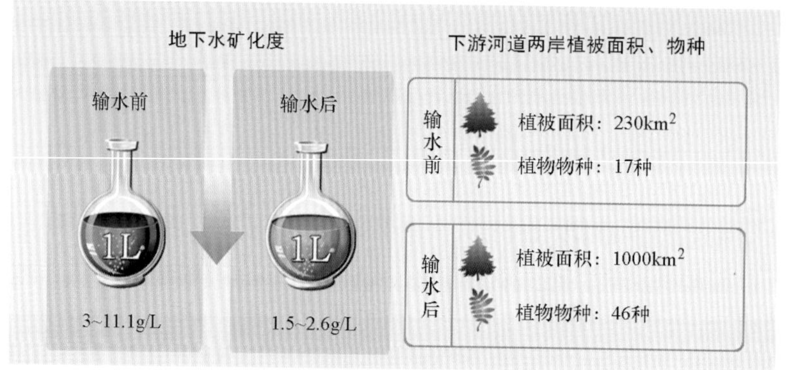

图 5.14　干流下游输水前后的变化

的趋势。另外，流域各地在加强原始生态保护的同时，大力加强人工生态建设，有力地促进了流域整体生态环境的改善，特别是到 2008 年底，按照经济效益、生态效益共赢原则建成的环塔里木盆地 1200 万亩特色林果和 106 万亩特色药用沙生植物，有效地增强了生态保护功能，见图 5.15 和图 5.16。

图 5.15　野生羚羊再现塔里木河沿岸

图 5.16　台特玛湖岸边成群的野鸭

（4）开始积极探索流域水资源统一调度的经济保障措施，初步提出了超额用水累进加价措施和生态补偿机制，以及跨流域生态补偿机制等，促进流域生态环境保护与重建、实现流域内经济社会与生态环境可持续发展的有效途径。

(5) 进一步加强了流域内山区水库的水资源统一调度。为了科学合理的安排好流域内各用水单位的灌溉用水需求，加强与水利行业主管部门的联系和沟通，按照“电调服从水调，水调支持电调”的原则，在流域内成立了电调与水调协调领导小组，实行信息互通的报送制度，并根据流域各灌区的需水计划，审查流域内年度水库调度运行计划，进一步加强了与电力主管部门的沟通联系与协商。同时。为缓解冬季水库发电与下游灌区工程安全及灌溉的矛盾，着手开展山区水库与平原反调节水库联合调度运行研究工作，为合理、科学调度山区水库提供技术支撑。

(6) 通过水资源的统一调配，适时增加生态用水，确保水量调度及源流、干流生态保护的双赢。在做好流域限额用水及强化水量统一调度管理的同时，针对汛期各源流来水偏丰的特点，根据生产用水与生态用水、源流与干流用水统筹兼顾的原则，下达生态用水调度指令，打开塔里木河干流上、中游 40 余座生态闸口，增加生态供水量，适时对源流灌区周边及下游生态补充了水量，向干流两岸胡杨林等生态植被供水，取得了限额用水及源流、干流生态保护的双赢。

(7) 塔里木河流域管理单位认真实施塔里木河流域综合治理工作，积极探索治水新思路，从“完善法制、改革体制、创新机制”入手，紧紧围绕流域水资源统一管理和科学调度这一关键，明确目标，注重实效，扎实工作，开拓进取，在流域水量分配与统一调度、水法规建设、水行政执法等工作上取得了较好的成绩。2004 年度、2005 年度连续两年荣获水利部水资源统一调度先进集体的荣誉称号。有两名水量调度业务骨干获得了水利部水资源统一调度先进个人的称号。

5.6 水量统一调度实施的意义

通过十几年来的水量统一调度，流域内管理力度明显加强，效益十分显著。塔里木河流域水量统一调度的实施的意义有下列内容：

(1) 水量统一调度，有利于维护各方的水权，提高用水单位的用水意识。流域综合治理以来，107 亿元的水利工程建设项目完工后，为流域引水、节水提供了条件，转变了流域以水定地的用水观念意识，2003 年新疆维吾尔自治区批准实施的《塔里木河流域“四源一干”水量分配方案》，就已经确定了流域各用水单位的水权。但是，在没有实施水量统一调度以前，没有流域的水量方案，各用水单位各自为利，有着“天上的雨、地上的河，可自由取、随便用”、“水是取之不尽用之不竭”的传统观念，没有用水指标的意识，更没有意识到超指标、超计划用水是一种害人害子孙后代的行为。

(2) 实施水量统一调度以来，在 2009 年大旱之年，流域各用水单位在塔里木河流域管理单位的精细科学的调度之下，同心协力、共度难关，确保流域人民的生活、生产和经济的持续发展，十几年的调度实践证明，通过实施水量统一调度管理，初步实现了流域水资源的合理配置，确保了源流向干流泄水，协调了源流与干流，干流上、中、下游用水矛盾，保证了各用水单位计划指标内的生产和生活用水，协调了各用水单位的用水关系，补给了部分生态用水，最大限度地发挥了流域水资源的社会、经济和生态环境的综合效益。

（3）水量统一调度，改变了人们的用水观念，促进了节约用水和水价形成机制的建立。通过水量统一调度，人们逐步认识到，水是宝贵的资源，是有承载能力的。传统的用水方式已不适应目前水资源的供求形势，更不适应市场经济发展的要求。代之而起的是依法用水、计划用水、节约用水。通过流域实施的水量统一调度，农业大水漫灌现象初步改观，大面积的实施微喷灌技术，进行节水灌溉。"以需定供"开始变为"以供定需"的观念了。对水资源的有偿使用和水价机制也有了进一步的认识。

（4）流域的水量统一调度，有利于流域与区域相结合、区域服从流域水资源统一管理体制的建立和完善。长期以来，流域水资源统一管理并没有得到认同与落实，区域水资源管理的职责也不明确，致使流域水资源开发利用和保护中的一些突出问题难以解决。作为最大的内陆河—塔里木河，面对水资源供需矛盾越来突出的严峻形势，"多龙管水"的体制和模式愈来愈显示出其弊端和不足。实施水量统一调度的关键，就是水资源按流域水资源的统一配置，按区域用水配水，改变原有用水、管水的格局，这样有利于形成完善的流域管理和区域管理相结合的新体制。水量统一调度的实践证明，流域机构掌握的资料全面丰富，水资源监测预报设施相对完善，对全流域的情况能够从宏观上有一个全局的把握，在利益关系协调方面比较客观，在全流域的水资源统一管理和调度上有较大优势，可以承担流域水资源统一管理的重任。只有实行流域管理与区域管理相结合的管理体制，才能真

图 5.17　塔里木河干流生态林得到滋润

正把水管好、用好。

（5）流域的水量统一调度，是水资源可持续利用的有益实践。水资源优化配置的中心内容是平衡需求、综合协调、科学管理，其目标是实现水资源可持续利用，满足经济、社会、环境的协调发展，达到人与自然的和谐相处。流域水量统一调度的成效，使塔里木河流域各族人民的生活、生产用水基本得到了保证，生态恶化得到遏制。在2011年进行了体制改革后，塔里木河全流域初步实施跨子流域间的调水，在流域内通过科学合理的调配水源，使流域内真正达到了用水和谐的局面。如2012年和田河和叶尔羌河流域来水偏丰，将和田河流域和叶尔羌河流域下泄塔里木河干流的水转让给阿克苏河流域的下游阿瓦提县和阿克苏河流域垦区灌区；2013年由于开都河—孔雀河流域来水偏枯，博斯腾湖水位降至警戒水位，为缓解开都河—孔雀河流域下游灌区的旱情，将塔里木河干流的水调配给开都河—孔雀河流域的尉犁县和塔里木河干流垦区灌区，实现了流域内跨子流域调水，这也是自体制改革以来的又一创举。实践证明，以优化配置为手段，实施流域水量统一调度，可以促进水资源的可持续利用，并逐步达到人与自然的和谐相处，水量统一调度对今后制定新的水资源政策也是一次有益的实践。塔里木河干流生态林得到滋润见图5.17。

5.7 应急调度方案的实施

应急调度方案是在水资源利用十分紧缺，出现有影响事件的情况下，采取一种特殊的手段，具有应急性、临时性，同时又能解决和缓解当时出现的一些水资源利用矛盾的措施。塔里木河流域在三种情况下，采取过应急调度方案措施。

5.7.1 近期综合治理项目的应急调度方案

2001年开始实施塔里木河流域近期综合治理项目，由于综合治理项目实施有一个过程，工程效益的发挥需要3～5年的时间，而当时塔里木河干流下游，由于已连续30余年，因源流对水资源的过度利用，造成向塔里木和干流输水量急剧减少，致使塔里木河干流的中下游河道断流，河道两岸天然植被生态大面积衰败，土地沙漠化面积逐渐扩大，台特玛湖泊干涸，塔里木河下游生态环境急剧恶化，在社会上引起了很大的反响。

为尽快遏制塔里木河中下游生态环境日益恶化的趋势，在实施塔里木河流域综合治理项目的同时，采取应急输水调度方案，主要依靠行政手段，从博斯腾湖抽水至孔雀河，通过库塔干渠向塔里木河下游输送生态水，以挽救塔里木河下游的生态植被和湖泊干涸的现象，达到遏制下游生态环境日益恶化的趋势。应急输水调度方案连续实施4次应急输水后，先后向下游输送生态水11亿m^3，水流到到达了塔里木河尾闾—台特玛湖，结束了下游河道断流30余年的历史，台特玛湖湖水面积最大时达到了$300km^2$，塔里木河干流中下游两岸的生态植被逐步在一定范围内得以恢复，为遏制塔里木河下游生态环境日益恶化趋势起到了积极作用，得到了社会各界和流域内人民的好评。据第四次输水后遥感资料反映，干流大西海子以下天然植被恢复面积达27万亩。博斯腾湖向塔里木河下游应急输水见图5.18。

图 5.18　博斯腾湖向塔里木河下游应急输水

5.7.2　严重自然干旱情况下的应急调度方案

当流域内出现严重自然干旱、塔里木河三源流的天然径流急剧减少，严重影响到流域灌溉和生态用水，造成流域内水危机的状况，在这种情况下，需要实施水资源应急调度方案，以解决和缓解出现的严重旱情。

塔里木河流域应急抗旱水量调度方案，由塔里木河流域管理单位编制，并征求流域内各用水单位以及重要水库、水电站等用水单位意见后，经上级水行政主管部门审查后，报新疆维吾尔自治区人民政府批准实施。应急调度方案具有一定的权威性，在实施期间有严格的执行纪律，流域内的各用水单位必须无条件的严格执行调度指令。在实施应急调度方案时，各用水单位根据下达调度的指令，必须及时采取压减取水量直至关闭取水口、水库将实施应急泄流方案，同时要加强水文监测等处置措施。

2005 年 5 月，塔里木河干流灌区面临严重旱情的情况下，塔里木河流域及时制定旱情紧急情况下的应急调水方案，并在非汛期实施了应急方案，通过在阿克苏河流域关闸闭口向塔里木河干流应急输水，顺利完成向塔里木河干流沿岸特别是旱情最为严重的中下游部分灌区的调水任务，及时缓解了农业灌溉供需水矛盾，稳定了人心。此次应急调水是在非汛期 5 月进行的，获得了初步成功，实现了历史性的突破。

2006 年 4～5 月，塔里木河干流的主要源流—阿克苏河来水大幅减少（比 2005 年同期减少 24.51 亿 m^3，减幅达 38%），不仅使阿克苏河流域灌区受到干旱的困扰，而且造成塔里木河干流灌区严峻的旱情形势。面对严峻的旱情，塔里木河流域强化源流与干流水量统一调度，全面协调和加强督查，特别是在 6～7 月塔里木河干流旱情十分严峻的情况下，水量调度进驻阿克苏河流域近 20 余天协调调水。经多方协商，进一步压缩阿克苏河流域灌区的引用水量，加大向塔里木河干流输水，缓解了干流中下游灌区的旱情。

5.7.3 洪水期时的应急调度方案

为了预防洪水期对塔里木河干流已建工程和在建工程造成影响，保障已建工程安全度汛以及在建工程的顺利实施，塔里木河流域管理单位组织业务技术人员，通过对干流上、中游沿岸进行了现场踏勘，确定了分洪地点，根据塔里木河干流洪水特性，分析塔里木河干流各河段现有工程分洪能力和可以扒口分洪的位置，编制出三源流（阿克苏河、和田河、叶尔羌河）汇入塔里木河干流阿拉尔断面处不同量级洪峰情况的塔里木河干流洪水应急调度方案。

随着塔里木河干流洪水应急调度方案编制的不断完善，塔里木河干流洪水应急调度方案确定了干流几个主要断面的警戒流量、防洪流量和灾害流量，进一步细化了阿拉尔不同洪峰流量下的分洪技术方案，明确了组织机构及职责，提出了警戒、防洪抗洪、防洪抢险、撤离救生等具体防御洪水方案。

为了确保干流安全度汛，每年汛期在预计洪峰到来之前，塔里木河流域管理单位要求流域内各用水单位加强塔里木河干流防洪工作，提前做好防洪物资准备，层层落实防洪责任制，组织防洪抢险队伍，加强对流域水利工程的巡查与管理，确保辖区防洪安全。同时，密切关注全流域雨情、水情和汛情的发展，分析三源流洪水传播规律，及时根据各河来水流量提前预报干流阿拉尔洪峰流量，并及时将信息发布给流域各用水单位和塔里木河干流个站点，从而保证了预防在前，减少洪水损失。

2005年，塔里木河干流中游乌斯满站断面以下部分河段出现了险情，塔里木河流域管理单位立即组织防洪抢险小分队赶赴现场，和当地抢险队伍一道紧急抢险，经过艰苦卓绝的努力，险情得到控制，防止了洪水灾害的发生。

5.8 水量统一调度努力方向

国民经济持续快速健康的发展和生态环境的保护与改善，对各行各业都提出了新的要求。对于水利部门，面临的重要任务之一就是为经济社会的可持续发展提供有效的水源保障。在近10年流域水量调度工作实践中，取得的成绩是显而易见的，塔里木河流域实施水量统一调度，既是流域经济社会持续发展的客观要求，也是新时期各级水利部门一项需要进一步加强的重要职责。

因此需要进一步加强和完善流域水量统一调度工作，全方位地加强流域的水资源统一管理和统一调度，除了体制和机制上的建立和完善外，还应注重以下几方面的工作：

（1）做好水量统一调度需要上级有关部门和领导的高度重视。流域的水调工作如果没有得到了国家、水利部、新疆维吾尔自治区及各级领导的高度重视，流域的水量调度只是一纸空谈。国家和新疆维吾尔自治区领导多次就流域水量统一调度工作进行调研和批示，在流域应急调度工作中，如果没有新疆维吾尔自治区领导的批示，流域的水量调度指令的下达和执行就存在问题，对年度限额用水任务的完成起到了关键作用。

（2）做好水量统一调度工作，要组建专门机构，配备专职人员，要有明确的工作思路。按照新疆维吾尔自治区水资源管理指标，结合《塔里木河流域“四源一干”地表水水量分配方案》，制定年度流域各用水单位的限额指标，按照“精心预测，精心调度，精心监督，精心协调”的高要求，圆满完成年度限额供水指标和下泄指标，确保综合治理规划目标的完成。

（3）做好水量统一调度工作，加强实时调度、制定年度方案是做好水量调度工作的基础，年度限额方案的编制，对于全年的水量调度工作影响很大，年度限额方案的编制涉及因素多，水文预报系统没有建立起来，关键来水和控制断面水文数据的采集等，按时制定月、旬调度方案，不断地对水库泄流情况、河段引水、各地降雨、灌区旱情进行跟踪分析，及时作出相应的修正调整。

（4）做好水量统一调度工作，需要大量信息数据系统的支撑。流域面积广、路线长，要进行实时的水资源统一调度和管理，必须由庞大的信息数据库做基石，才能实现流域的水资源进行实时调配、控制和监督管理。

（5）做好水量统一调度工作，需要各方共同努力、密切配合。水量调度事关大局与小局、整体与局部利益的调整，在水量分配方案的具体落实过程中，流域各用水单位需要讲大局观念、全局意识，并通力协作、密切配合，积极服从流域水资源的统一调配、水量统一调度的工作，实现全流域的经济社会可持续发展。

（6）实现水量统一调度，监督检查是不可缺少的重要环节。监督检查是确保水量调度方案付诸实施的关键控制断面的引水和下泄水量情况进行监督和检查。督查人员需要顶住来自各方面的压力，甚至冒着被围攻的危险，采取积极协调、耐心说服和联合督查、夜间巡查、现场监督测流、重点抽查、突击性回访等多种措施，及时发现纠正用水当中一些违规现象。没有有效的监督检查手段，统一调度只是一句空话。

当然，塔里木河流域水量统一调度今后需要进一步积极协调各方关系，精心编制水量调度方案，精心组织实时调度，并建立以信息化、计算机网络为主要内容的现代化调度指挥系统。使流域水量统一调度更加科学化、规范化，实现流域水资源的优化配置，为塔里木河流域的地区经济社会和环境的协调发展做出更大的贡献。

6

远程监测与监控系统

塔里木河全长4761km，水系涉及的绿洲面积，以及水系需要管理范围约48万km^2，水文站点、涉水工程及生态监测断面等位置偏远分散且环境恶劣，仅用人工采集数、传输、处理数据费时费力，并且数据应用缺乏时效性，因此要在这样一个范围内对水资源实施有效的水资源统一管理和调度，就必须要有一个与此相适应的水情、生态监测系统和涉水控制性工程的自动化监控系统，以便对水资源利用实施有效的监测和调度。为此，作为塔里木河流域管理单位，塔里木河流域管理单位从成立之日起，就向着在塔里木河流域建设一个“计量准确，调度灵活，信息传输迅速”的监测、监控信息现代化的方向努力，塔里木河流域水资源统一调度与管理系统就是在这样的指导思想下进行建设的。

塔里木河流域远程监测监控系统是以数据采集、数据传输和数据处理与存储管理为基础，以水量调度的业务流程为主线，落实水资源开发利用控制红线为目的，通过数学模型、科学计算、遥感、地理信息系统等技术手段，构建塔里木河流域水资源统一调度与管理和生态环境监测与评估的应用系统。建设塔里木河流域管理单位水资源调度业务处理与信息服务系统，为流域水资源统一调度和生态环境保护提供操作平台和科学决策环境，全面提升塔里木河流域管理单位流域水资源统一调度与管理业务的能力。塔里木河流域水量调度中心见图6.1。

塔里木河流域远程监测监控是指“数据采集、传输、数据处理并存储”于一体，对水资源利用和涉水工程，以及对生态环境进行远程监测和监控的系统（塔里木河流域远程监控系统见图6.2）。这个系统可以为塔里木河流域水资源统一调度与管理和生态环境监测，及时准确地提供基础科学数据支持。系统能够根据水量调度基础信息平台监测到的实时水情信息，建立流域来水模型、需水模型和水量调度模型，辅助制定年度水量调度预案，月、旬水量调度实施方案，并实时监控水量配置。

在塔里木河流域近期综合治理项目的促进下，经过10余年努力，到2012年底，已在塔里木河流域“四源一干”初步建立一个由水情监测站网、涉水重要控制性工程监测监控站点、生态环境监测网、纳污监测网点和数据信息平台等组成的远程监测与监控系统，为塔里木河流域水资源统一管理和水量调度起到了积极的作用。

图 6.1　塔里木河流域水量调度中心

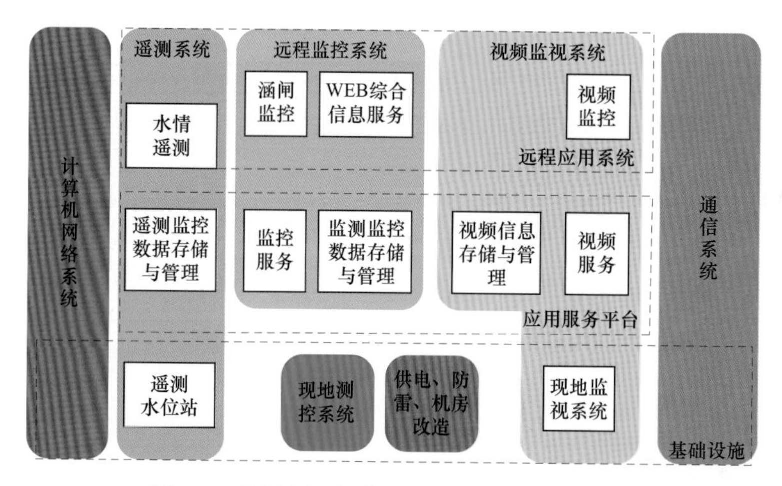

图 6.2　塔里木河流域远程监控系统总体框架图

6.1　水情监测站网建设

塔里木河流域各测站的水情资料，是对塔里木河流域水资源实行统一调度和管理的重要基础资料，只有掌握了水情情况，摸清了水情趋势，才能对塔里木河流域水资源有效实施统一调度与管理。塔里木河流域主要的水情监测站网有三类：

（1）由国家水文部门在塔里木河流域投资建设的国家级水文站点（以下简称国家级水文站网）。

（2）由自治区水文部门在塔里木河流域投资建设的自治区级水文站点（以下简称自治区级水文站网）。

（3）由塔里木河流域管理单位为塔里木河流域水资源统一调度与管理服务专门建设的水文站点（以下简称流域级水文站网）。

这三类站网构成了塔里木河流域水资源统一调度和管理服务的水情监测站网，能够在不同情况下为采集水情数据提供服务。

第一类，塔里木河流域九大水系，特别是塔里木河流域"四源一干"的河道来水水情监测数据，对于塔里木河流域水资源统一调度与管理工作，起到全面掌握流域来水频率的重要作用，这类数据的采集主要通过国家和自治区水文部门，在塔里木河流域布置和建设的基本水文监测站网获得。

第二类，在塔里木河流域"四源一干"河道上，修建直接从河道引水或退水的水利枢纽工程（渠首、水库、水电站及引水闸口），由于这些工程引水能力和引水量大，以致可以影响到各灌区的限额耗用水量和上下游的水量分配，同时这些工程调蓄能力强，以致能够改变河道径流过程，因此这类工程的监测数据十分重要。这部分数据的监测仅靠现有国家和自治区，在塔里木河流域各河流上布置建设的基本水文站网监测还不能满足需要，因此还需要通过，为塔里木河流域水资源统一调度与管理服务专门建设的水情水文监测站点获取。

第三类，将一级引水口引入干渠后再分配到灌区或者各用水单位的水情监测数据，此类数据主要通过塔里木河流域水资源统一调度与管理服务专门建设的水情遥测站点获取。

水情监测主要通过，在河流断面上设置的各种水文设备进行自动监测，通过各测站的传感器、终端机（RTU）将采集来的各类水情数据，利用计算机软件计算生成各类水情数据，进而获取通过该断面的各类水情数据。为准确及时掌握塔里木河流域"四源一干"主要控制工程运行状况及引水过水信息，有效监控塔里木河流域"四源一干"主要控制工程的运行，为及时迅速处置超计划用水、突发工程事故、洪水灾害提供有效的应对措施提供支持。

准确掌握塔里木河流域的来水和水量变化，对塔里木河水资源的管理十分重要，也是对水资源实施有效管理的重要基础性工作，因此为准确掌握塔里木河的水情情况，塔里木河流域管理单位依托水文部门的专业和技术力量，共同在塔里木河流域，特别是在塔里木河流域"四源一干"建立了一个反映水情实际情况的水文站网。这个站网由国家和自治区投资建设的两级基本站点和塔里木河流域管理部门建设的为流域服务的专门站点（简称流域级站点）共同组成。由于塔里木河流域面积广阔，仅靠国家和自治区建设的基本水文监测站网是不能满足需要的，因此塔里木河流域管理单位自行投资补充建设了，部分为水量统一调度服务的专门水情监测站点。

目前流域水文监测站网共有站点29个，其中国家和自治区基本站点19个，塔里木河流域专门水文站点10个。塔里木河流域"四源一干"水文站分布见图6.3，塔里木河流域"四源一干"水文站网见表6.1。水文站网监测的主要内容是：流速、水温、流量、气象、蒸发、水质等。沙里桂兰克水文站见图6.4，民生渠首水文站见图6.5。流域级水文站点分布见图6.6。

图6.3 塔里木河流域“四源一干”水文站分布图

表 6.1　　塔里木河流域“四源一干”水文站网一览表

序号	河名	水文站名	隶属单位	站网等级
1	阿克苏河流域	沙里桂兰克	水文局	国家级
2		协合拉	水文局	国家级
3		多浪渠	水文局	自治区级
4		西大桥	水文局	国家级
5		台　兰	水文局	自治区级
6		巴吾托拉克	阿克苏流域垦区灌区	流域级
7		依玛帕夏	阿克苏流域垦区灌区	流域级
8	叶尔羌河流域	玉孜门勒克	水文局	国家级
9		库鲁克栏干	水文局	国家级
10		卡　群	水文局	国家级
11		民生渠首	塔里木河流域管理单位	流域级
12		衣干其渡口	塔里木河流域管理单位	流域级
13		48 团渡口	水文局	自治区级
14		黑尼牙孜	阿克苏流域垦区灌区	流域级
15	和田河流域	托　满	水文局	国家级
16		乌鲁瓦提	乌鲁瓦提水库建管局	流域级
17		黑　山	水文局	国家级
18		同古孜洛克	水文局	国家级
19		肖　塔	阿克苏流域垦区灌区	流域级
20	开都河—孔雀河流域	巴音布鲁克	水文局	自治区级
21		大山口	水文局	国家级
22		黄水沟	水文局	自治区级
23		焉　耆	水文局	国家级
24		他什店	水文局	国家级
25	塔里木河干流	阿拉尔	水文局	国家级
26		新渠满	水文局	国家级
27		英巴扎	塔里木河流域管理单位	流域级
28		乌斯满河口	塔里木河流域管理单位	流域级
29		恰　拉	塔里木河流域管理单位	流域级

图 6.4　沙里桂兰克水文站（国家级）

图 6.5　民生渠首水文站（流域级）

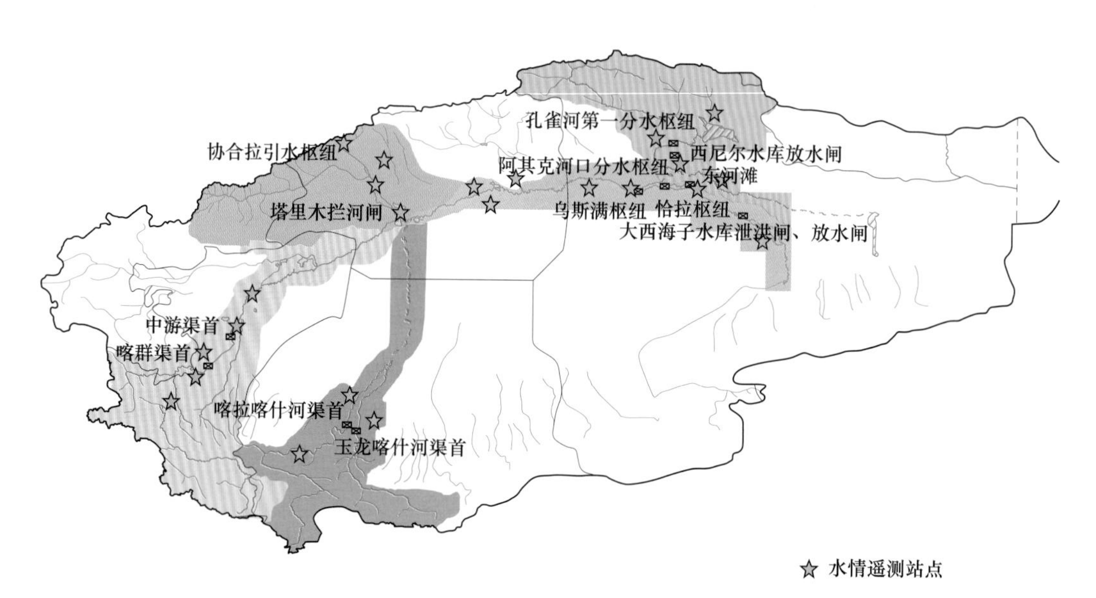

图 6.6　流域级水文站点分布示意图

6.2　控制性工程监控站网建设

为有效在塔里木河流域对水资源实施统一调度，除要适时掌握河流的水情之外，还必须对所有从河道上直接取水、蓄水、泄水、排水的涉水工程进行有效的监测和监控，特别是对水资源的拦、引、蓄水量较大的重要涉水控制性工程实施监测和监控。

监测的主要内容是河流来水量、各枢纽的引水量、入库水量，枢纽、水电站及水库和水电站的下泄水量。

监控的主要内容是：按照塔里木河流域管理单位下达的水量调度要求，对涉水工程的引水闸、枢纽、水库和水电站的引泄水闸等水利工程实施控制，使其按照水量统一调度的水量要求进行引水和泄水，以便达到水量统一调度的目的。

远程监控功能在塔里木河流域水资源统一调度与管理系统中，是指用于对涉水工程的水闸工程的启闭设备操作的实时控制，监控功能除了实现对工程的远程自动化控制外，还对涉水工程的启闭机、闸门等的荷重、闸位、供电相序等运行数据进行监测，这是对水工程自身运行安全的有效保护措施。整体提高了流域工程的自动化水平和运行管理效率，同时，为水权分配机构提供必要的监控手段，是完成流域水量调度监督任务的高效措施。

通过多年来的努力，已在塔里木河流域的塔里木河流域“四源一干”上，共对26处涉水主要工程实施了监测和监控的设备安装（远程监控站点见图6.7）。其中和田河4处，叶尔羌河5处，阿克苏河4处，开都河—孔雀河6处，塔里木河干流7处。监控站点见表6.2。这些设备安装完毕投入运行以来，为有效实施水量统一调度发挥了良好的作用。

表6.2　监控站点一览表

流　域	序号	闸群/渠系	水闸名称
阿克苏河	1	库玛拉克河协合拉引水枢纽	四团龙口引水渠闸
			泄洪闸
			库河东岸引水总干渠闸
	2	阿克苏河西大桥分水枢纽	西大桥电站引水枢纽引水闸
			艾里西渠引水枢纽引水闸
			水电站退水节制闸
			胜利渠引水闸
			老大河闸
			沙克渠引水闸
			东岸大渠引水闸
			二级电站渠引水闸
			水电站尾水渠退水闸
	3	塔里木拦河闸	南岸进水闸
			泄洪闸
			北岸进水闸
	4	吐木秀克30+100，32+350分水闸	东岸总干渠
			塔格拉克
			泄洪闸
			退水闸
			多浪延伸段
			新革命大渠
			老革命大渠

续表

流　域	序号	闸群/渠系	水闸名称
叶尔羌河	5	喀群引水枢纽	东岸进水冲砂闸：电站进水闸
			东岸进水冲砂闸：灌溉进水闸
			东岸进水冲砂闸：冲砂闸
			东岸总进水闸
			泄洪闸
			西岸总进水闸：冲砂闸
			西岸总进水闸：西岸大渠进水闸
			西岸总进水闸：电站进水闸
	6	民生渠首	泄洪闸
			冲沙闸
			总干渠
			色里布亚
			老民生渠
			暗涵小闸
	7	西岸引水渠系	19个水位监测站
	8	中游渠首枢纽	中游西岸总干渠
			麦盖提总干渠
			前海总干渠
			泄洪闸
	9	下坂地水利枢纽综合系统	
和田河	10	玉龙喀什河渠首	同古孜洛克水文站
			东岸洛浦进水闸
			泄洪闸
			西岸和田进水闸
	11	喀拉喀什河渠首	和田县灌区进水闸
			泄洪闸
			墨玉县灌区进水闸
			墨玉枢纽：皮墨垦区进水闸
			墨玉枢纽：电站进水
			墨玉枢纽：墨玉总干渠进水闸
	12	和田河引水渠系	18个水位监测站
	13	乌鲁瓦提水库枢纽	泄洪洞闸
			溢洪道闸
			冲沙道闸

续表

流　域	序号	闸群/渠系	水闸名称
开都河—孔雀河	14	阿恰枢纽	东干渠节制闸
			孔雀河拦河闸
	15	孔雀河第一分水枢纽	东岸库塔干渠进水闸
			沙依渠进水闸
			西岸18团渠进水闸
			泄洪闸
	16	孔雀河第三分水枢纽	右岸团结渠
			永丰渠
			泄洪闸
	17	恰拉水库进水闸	塔河退水闸
			恰拉水库进水闸
	18	希尼尔水库放水闸	希尼尔水库出水闸
			西干渠引水闸
			东干渠引水闸
			希尼尔水库大坝
	19	希尼尔水库进水闸	西干渠
			水库入库
塔里木河干流	20	帕满水库引水闸	牧场渠
			水库进水闸
			库外渠
	21	土皮塔西提引水闸	灌溉渠道
			土皮塔西提干渠闸
			泄洪闸
	22	恰拉枢纽	恰铁干渠进水闸
			拦河闸
	23	大西海子水库泄洪闸、放水闸	泄洪闸
			放水闸
	24	阿其克河口分水枢纽	渭干塔里木渠
			泄洪闸
	25	东河滩分水枢纽	节制闸
			和引水闸
	26	乌斯满枢纽	引水闸
			泄洪闸

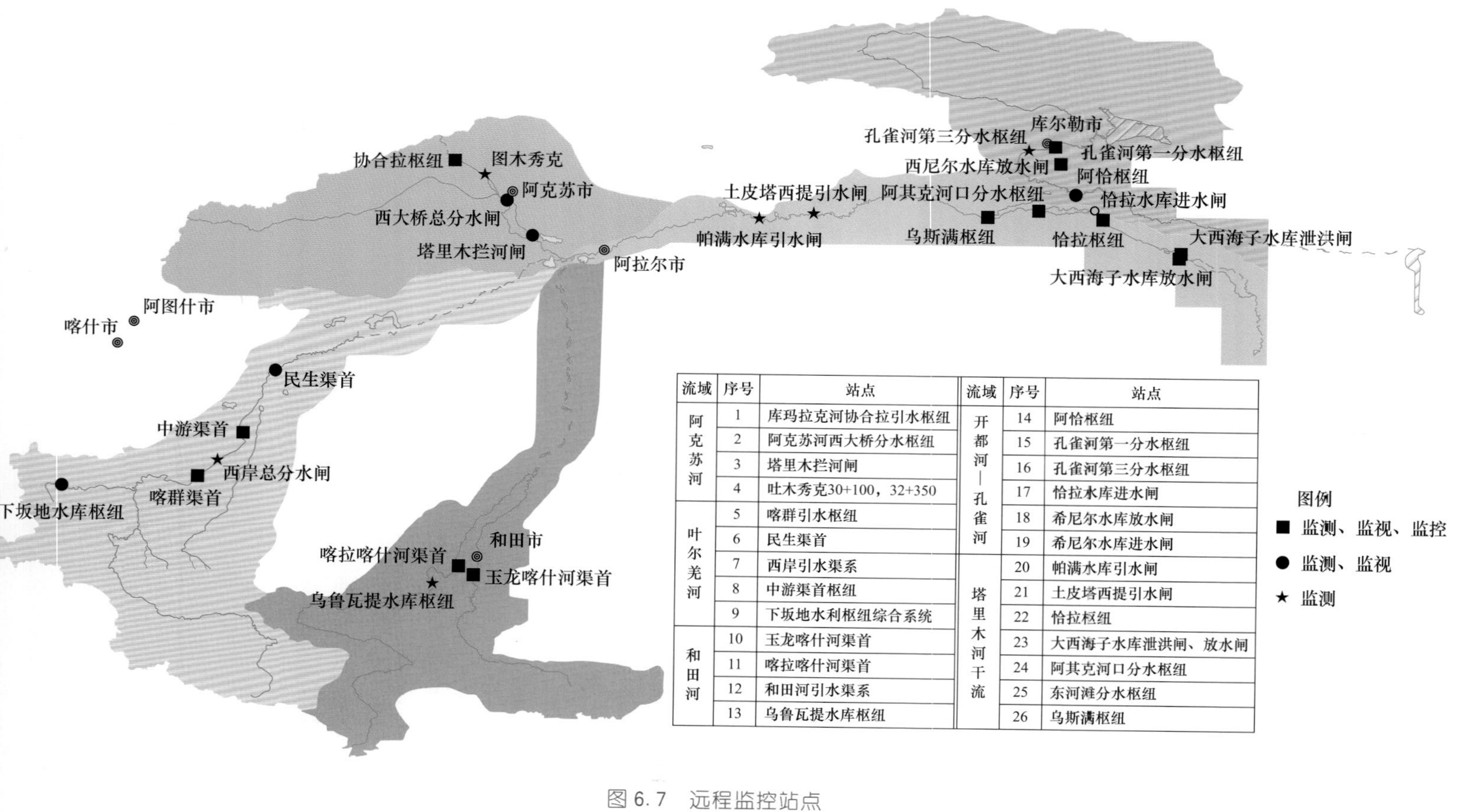

流域	序号	站点	流域	序号	站点
阿克苏河	1	库玛拉克河协合拉引水枢纽	开都河—孔雀河	14	阿恰枢纽
	2	阿克苏河西大桥分水枢纽		15	孔雀河第一分水枢纽
	3	塔里木拦河闸		16	孔雀河第三分水枢纽
	4	吐木秀克30+100，32+350		17	恰拉水库进水闸
叶尔羌河	5	喀群引水枢纽		18	希尼尔水库放水闸
	6	民生渠首		19	希尼尔水库进水闸
	7	西岸引水渠系	塔里木河干流	20	帕满水库引水闸
	8	中游渠首枢纽		21	土皮塔西提引水闸
	9	下坂地水利枢纽综合系统		22	恰拉枢纽
和田河	10	玉龙喀什河渠首		23	大西海子水库泄洪闸、放水闸
	11	喀拉喀什河渠首		24	阿其克河口分水枢纽
	12	和田河引水渠系		25	东河滩分水枢纽
	13	乌鲁瓦提水库枢纽		26	乌斯满枢纽

图 6.7　远程监控站点

6.3 生态环境监测系统

塔里木河流域的生态环境演变，对塔里木盆地整个生态环境的变化有着重要影响，特别是塔里木河干流作为生态河流，其生态环境的变化，又对整个塔里木河流域生态环境变化有着较大的影响。因此，在塔里木河干流建设生态环境监测站网，为全面了解生态环境变化有着十分重要的意义。从 20 世纪 90 年代以来，经过分期建设，在塔里木河干流搭建了生态监测网站。建设生态监测网站主要目的是，及时获取生态环境变化数据，为实现生态环境修复提供可靠科学依据。

获取生态环境监测数据主要是通过两种方法采集，一是通过在生态典型断面，设置地下水监测井对地下水水情数据变化进行监测，从而分析对各类植物生长的影响。同时，对地下水情的监测系统与地表水水情监测系统，构成一个完整的塔里木河水情监测系统，更好地为实现流域地表水和地下水的统一调度和管理服务。二是通过遥感技术对生态环境变化数据进行分析对比，从而掌握流域生态环境变化趋势。

6.3.1 生态监测断面建设

塔里木河生态环境监测系统工程，是塔里木河流域远程监测系统的一个重要的组成部分。通过在塔里木河干流选取的生态典型断面上，设置地下水观测井对地下水情进行监测，从而获取地下水变化与植物生长情况关系影响资料，以对生态环境的发展趋势进行分析，达到对塔里木河干流生态环境进行监测的目的。

塔里木河干流上共设置了 14 条地下水生态监测典型断面（生态环境自动监测井见图 6.8），对地下水的变化与植物生长的影响情况实施监测。在这 14 条生态监测断面上布设了 98 眼井，在监测井上安装了传感器、终端机（RTU）、通信模块、太阳能等设备，从而保证了对各类数据的采集处理和传输。其中上游 2 条断面 12 眼井，中游 5 条断面 36 眼井，下游 7 条断面 50 眼井。生态监测断面布设见图 6.9。

图 6.8 生态环境自动监测井

下游生态监测井，是从塔里木河干流下游的恰拉到台特玛湖区段，布置了 7 个监测断面共 50 监测井，对生态环境数据进行监测采集和实时传输。监测指标主要是地下水位（包括地下水埋深和高程水位），同时在每个断面选取了一个监测井增加进行地下水矿化度（电导率换算）、地下水温度、土壤温度和土壤湿度的监测。在塔里木河干流生态环境自动监测系统中将完成下游生态监测数据的集成。

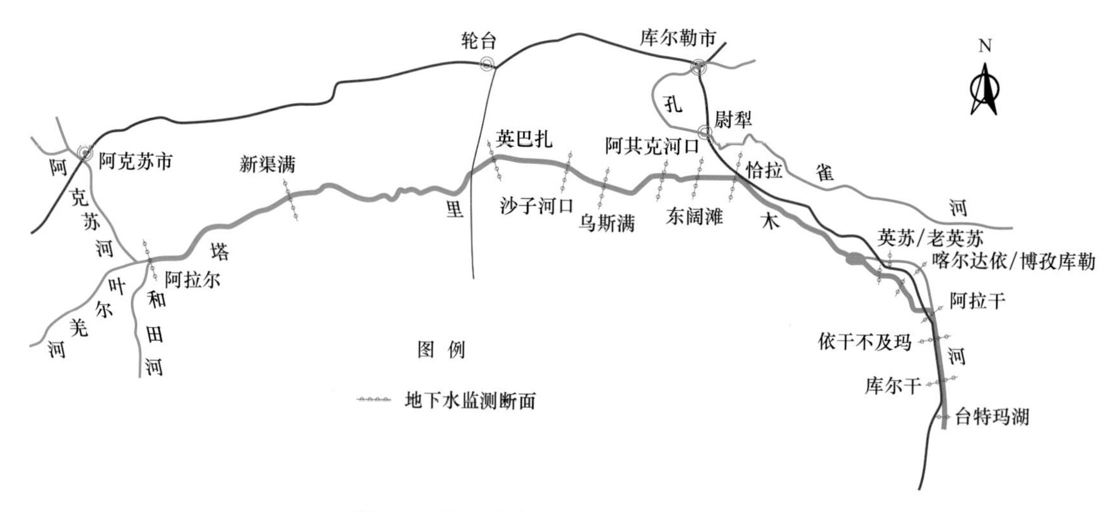

图 6.9　地下水生态监测断面布设示意图

塔里木河干流生态环境自动监测系统工程，以远程监测技术为手段，实现对塔里木河干流 14 个断面 98 眼生态监测井，进行地下水水位及 8 个代表性监测井的地下水矿化度(电导率)、地下水温度、土壤温度、土壤湿度等参数自动采集，并在 5 分钟内完成采集数据的上传，实现对塔里木河干流 14 个断面 98 眼生态监测井的生态监测数据存储、分析、统计、查询和管理。2009～2012 年英苏断面地下水埋深响应与年生态输水量对应关系见图 6.10。

6.3.2　遥感监测

应用遥感技术，对干流土地利用、植被、水体、沙漠化，在不同时期的遥感片进行数据分析和处理，从而掌握流域生态环境变化趋势。利用遥感技术，建立遥感数据自动解译作业系统，通过低、高空间分辨率遥感数据结合，进行重点河段汛期水流状态及植被的动态监测。采用以上点面结合方式，为塔里木河干流生态环境评价分析，为塔里木河水量调度工作提供科学基础数据。如对 2009 年、2012 年 1：2.5 万遥感片和 2009 年 1：10 万“四源流”土地利用遥感片进行分析，取得了这个时段的生态环境变化趋势的数据，为塔里木河流域生态环境治理提供了科学依据。

6.3.3　生态环境监测效果

在塔里木河流域近期综合治理中，塔里木河干流上修建了几百公里的生态输水堤防和 40 余座生态闸，为实现干流生态水量控制、合理水资源配置准备了条件，而干流生态输水和生态闸的调度，则需要通过河道沿程的生态监测网点为其提供科学依据和数据支持。定量观测塔里木河干流生态环境的变化，研究水量、水位、水质变化与植被长势的关系，定期持续开展流域范围生态和土地利用遥感动态监测，及时掌握生态及土地利用变化趋势，为做好生态环境保护规划、制定生态环境保护措施以及综合治理规划和工程建设提供了决策支持。

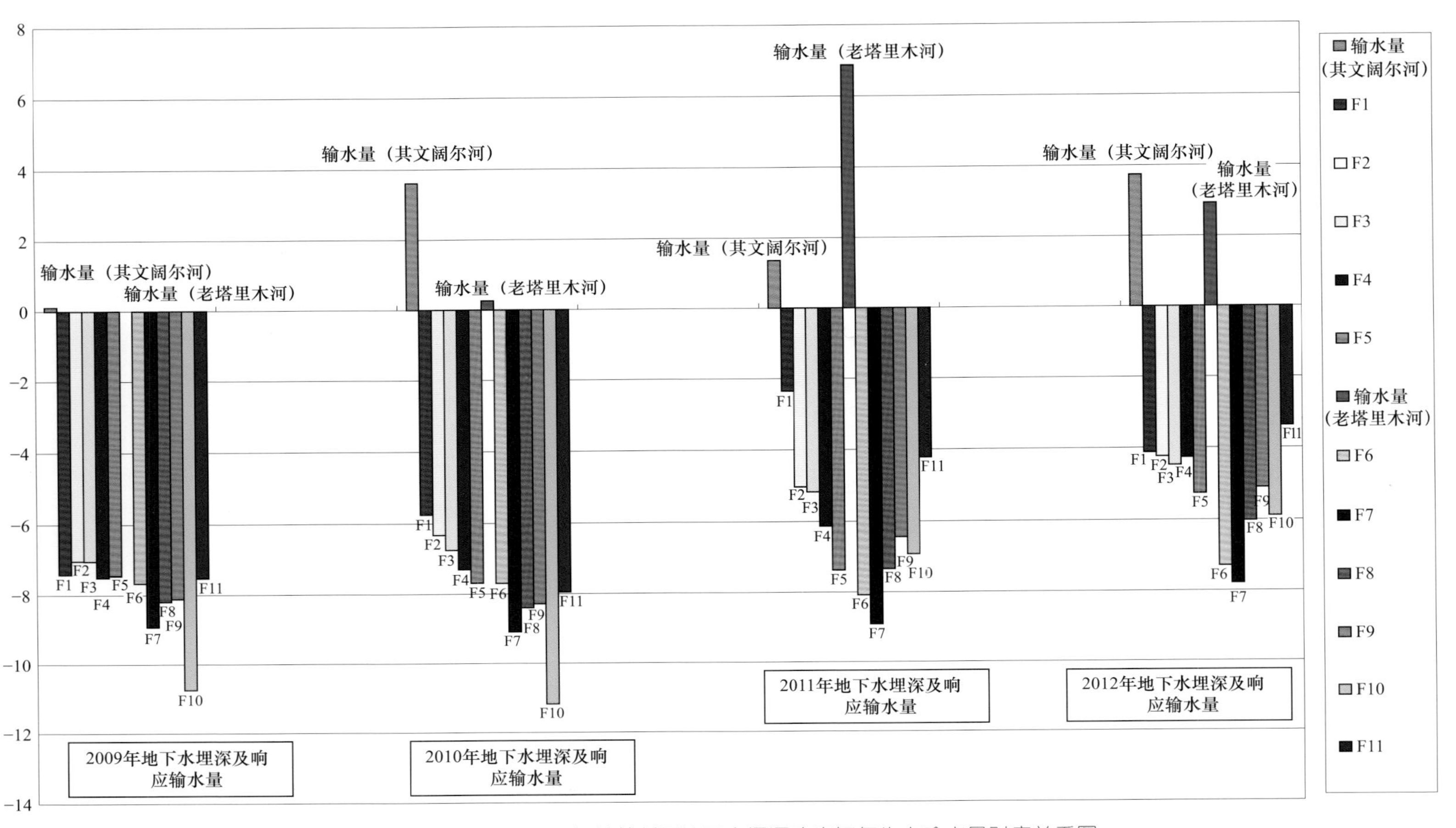

图 6.10　2009～2012 年英苏断面地下水埋深响应与年生态输水量对应关系图

例如为改善塔里木河干流下游生态环境，塔里木河流域管理单位组织了14次向塔里木河干流下游生态输水，对其输水产生的生态效益，就是通过在塔里木河干流生态环境远程监测网点，对监测采集数据进行整理分析，真实而清晰地反映出在历次生态输水过程中，地下水埋深在时间和空间的响应变化，较好地反映出生态输水成效，同时更好的指导流域水资源管理工作。

以英苏断面为例，通过生态输水过程监测数据，可以清晰地看到英苏断面地下水变化过程。随着输水量的增加和输水时间的增多，英苏断面地下水埋深也不断抬升，地下水过程有明显改善。英苏断面历次生态输水后地下水变化情况见表6.3。

表6.3　英苏断面历次生态输水后地下水变化情况

站号 \ 年份		2009	2010	2011	2012
F1		−7.42	−5.75	−2.36	−4.12
F2		−7.04	−6.33	−5.03	−4.23
F3		−7.05	−6.76	−5.17	−4.47
F4		−7.51	−7.31	−6.13	−4.26
F5		−7.46	−7.69	−7.38	−5.26
F6		−7.67	−7.7	−8.08	−7.3
F7		−8.92	−9.09	−8.91	−7.79
F8		−8.19	−8.39	−7.35	−6.02
F9		−8.11	−8.28	−6.44	−5.1
F10		−10.74	−11.17	−6.93	−5.89
F11		−7.53	−7.95	−4.22	−3.38
生态输水量（亿 m^3）	其文阔尔河	0.11	3.61	1.36	3.74
	老塔里木河		0.26	6.87	2.93

6.4　纳污监测网点建设

随着国家和新疆维吾尔自治区实行最严格的水资源管理制度，结合塔里木河治理的实际情况，为保障塔里木河水体健康的要求越来越高，为保护塔里木河流域水质，对流域内将污水排入河流和湖泊的纳污点实施监测，为塔里木河流域治理排污提供科学依据。

在塔里木河流域对污水排放的监测工作，根据人类社会活动的情况，在现阶段主要对源流的山区河段的矿产开发排污等对水质的影响进行监测，在塔里木河干流和重要源流由于农业开发及工业生产排出的污水，对塔里木河干流水质的影响进行监测，为保证监测数据的准确性，已在部分具备条件的源流局和塔里木河流域干流管理局设置了水质监测实验室，定期采样化验。下一步还将对重要的排污口的重点监测指标进行远程监测，并将其纳入塔里木河流域的水资源统一调度和管理的信息化平台。

6.5 信息化平台建设

为保障塔里木河流域水资源进行统一调度和管理，在对水情监测、涉水工程监控、生态监测和纳污监测等现场监测网点建设的同时，加强了全流域的信息化平台建设，使塔里木河流域的水情监测、涉水工程监控、生态监测和纳污监测等现场监测网点统一起来，构成了一个全流域的监测监控信息平台，使其采集到的各类地表水和地下水的水量、水质、水温、水位、流量，以及土壤和植被等数据，及时得到处理并按要求迅速送达各方，做到了"计量准确，适时监控，数据传输迅速"，为在全流域实施水资源统一调度及管理，提供科学依据。

信息化平台建设以来，建成了以塔里木河管理局为中心，阿克苏河、叶尔羌河、和田河、开孔河、塔里木河干流、下坂地水利枢纽、希尼尔水库等 7 个分中心共计 8 个现代化的信息平台。塔里木河流域信息化平台见图 6.11。

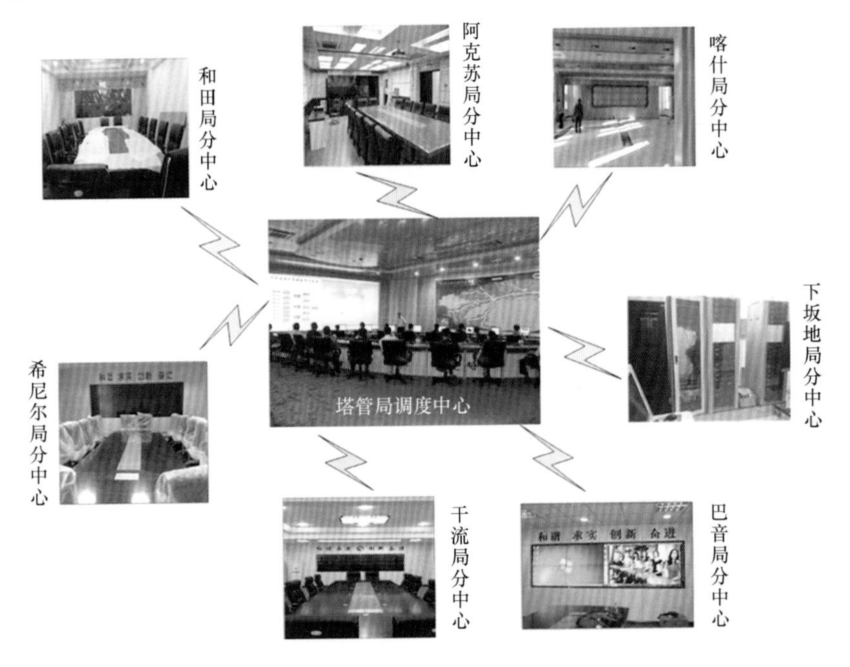

图 6.11　塔里木河流域信息化平台示意图

信息化平台为提升塔里木河流域管理水平，建设"数字化"塔里木河流域迈出了坚实的步伐。

在塔里木河流域管理单位中心站的机房配置数据接收、存储服务器设备。在服务器中配置 SQL SERVER 数据库、遥测站管理软件等；通过开发的数据查询分析软件，实现对 ORACLE 数据库中监测数据进行查询、统计分析。

塔里木河流域水资源统一调度与管理系统，总体逻辑结构由外部四大支撑系统和内部十个子系统构成，四大支撑系统是塔里木河流域水资源统一调度与管理系统的基础。调度与管理系统总体关系框架见图 6.12。

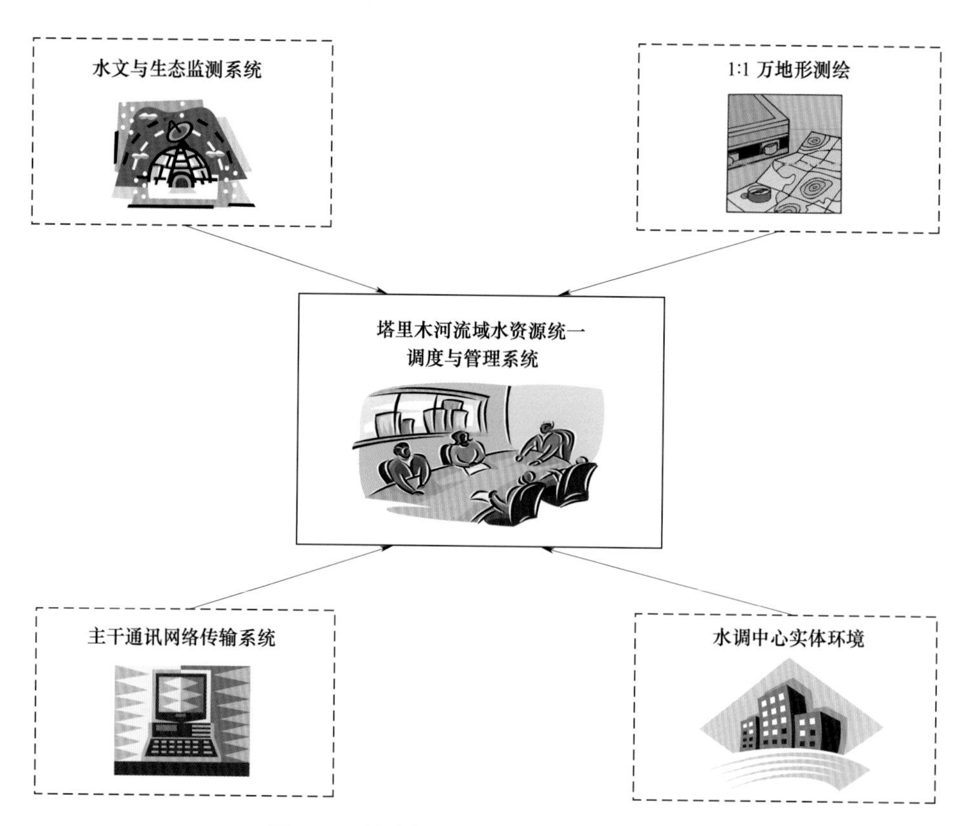

图 6.12 调度与管理系统总体关系框架图

十个子系统包括：数据采集子系统、数据传输网络子系统、数据管理与数据库子系统、遥感动态监测子系统、水资源分析子系统、GIS 专业分析子系统、水量调度子系统、生态环境分析子系统、会商决策子系统、业务处理与信息服务子系统。各子系统都在一定的运行模式下完成着不同的任务，它们既相互独立又互相联系，任何一个子系统出现问题都会影响到其他子系统的运转，因此，各子系统的集成是整个系统能否正常运行、发挥作用的关键。塔里木河流域水资源统一调度与管理系统的集成采用数据集成的方式，以各子系统间数据流动关系为纽带，把整个系统集成为子系统数据间关系紧密、物理结构分层的塔里木河流域水量调度管理系统。

整个塔里木河流域水资源统一调度与管理系统由四个层次构成，数据支撑层、数据集成层、专业分析层和应用集成层，系统总体逻辑结构见图 6.13。

数据支撑层是系统建设和运行分析的基础。主要在数据传输网络子系统的支持下，按照统一的数据标准体系，对流域范围不同来源、不同尺度、不同属性基础数据采集整理，为整个系统提供原始基础数据支持。采集内容包括动态数据（水文观测数据、生态监测数据、灌溉实验数据）的采集和静态数据（基础地理数据、专题图形数据、遥感影像数据、社会经济和水资源利用数据）的采集两大部分。

数据集成层是整个系统的核心，也是整个系统的数据管理与输入输出交换中心。它包括基础数据库、主题数据库和成果数据库三部分。基础数据库在统一数据标准和规范体系

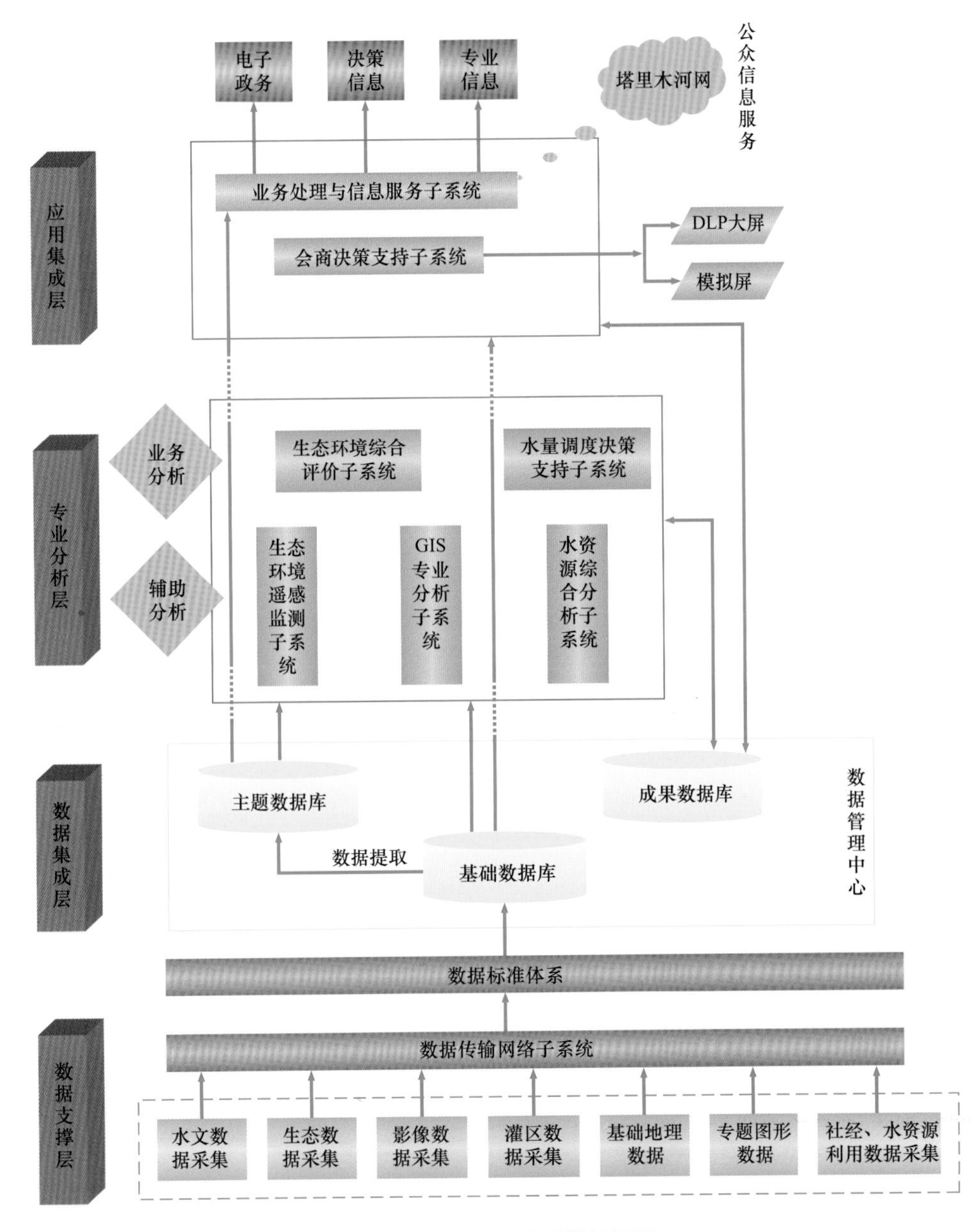

图 6.13　系统总体逻辑结构图

的要求下，实现对数据支撑层数据采集子系统输入的原始数据进行集中管理，是系统应用分析的基础；为减轻基础数据库对各子系统的数据请求负担，利于塔里木河流域水量调度管理系统各功能模块的联合开发和灵活运行，由各专业应用子系统面向本系统应用从基础数据库提取数据进行简单的整理计算（求和、平均、单位换算等），按照统一的编码体系和格式要求建立子系统主题数据库，供本子系统各模块使用。主题数据库实现对派生数据的集中，主题数据库及数据库管理系统单独运行。成果数据库实现对各专业分析应用系统分析成果的集中管理，是专业分析应用系统之间数据交换的桥梁。由于本系统采用数据集成的方式，子系统之间不直接进行信息交换，通过访问成果数据库实现专业分析应用子系统之间的连接，实现它们之间的关联。总之，数据集成层实行统一设计，分头建设的策略，水量调度管理系统的所有业务应用、决策支持、电子政务、公众服务的分析和决策结果都回到成果数据库，实现充分共享和透明。

专业分析层是系统应用的关键，包括辅助分析和业务分析两个部分。业务分析包括生态环境综合评价子系统和水量调度决策支持子系统，主要针对塔里木河流域管理单位的两大业务：水量调度和生态环境保护建立模型并提供方案。辅助分析包括遥感动态监测子系统、水资源分析子系统、GIS 专业分析子系统，主要针对上述两个业务分析系统提供基础分析参数和依据，同时也为会商决策提供数据支持。专业分析层之间通过成果数据库实现信息反馈和数据支持。

应用集成层是本系统直接服务于塔里木河流域管理单位用户的系统分析成果的集成，也是本系统的核心之一，它包括决策应用和业务应用。决策应用主要通过调用专业分析层各个子系统的专业分析结果，供决策者在可视化环境下进行综合分析，决定关系流域综合治理的重大问题。业务应用包括电子政务和信息综合服务两部分，电子政务分系统主要是面向塔里木河流域管理单位机关和主要业务处室，建立行政电子政务系统和业务电子政务系统，将塔里木河流域管理单位的主要业务电子化、标准化，提供高质量的服务。信息综合服务分系统在网络环境下实现对基础数据、分析结果、决策方案的综合查询，满足塔里木河流域管理单位专业技术人员、决策管理人员以及社会公众对塔里木河流域水资源管理的信息需求。

塔里木河流域水量调度系统的各个功能子系统限于实现内容、实现方法和所需外设、运行地点的不同，采用不同的体系结构和运行模式。子系统采用的体系结构有 C/S、B/S 两种，运行模式基于特定功能区域和专业处室而划分。数据管理与数据库系统运行在塔里木河流域管理单位信息中心，采用 C/S 结构体系。专业分析层都采用 C/S 结构体系，生态环境遥感动态监测子系统、生态环境综合评价子系统运行在塔里木河流域管理单位规划处，水资源分析子系统、水量调度决策支持子系统运行在水政水资源处。会商决策支持子系统运行在会商中心，结构体系包括 C/S 和 B/S 两种；业务处理与信息服务子系统面向塔里木河流域管理单位内部和社会公众，B/S 结构体系，电子政务部分运行在相应的各个职能处室，信息综合服务部分运行在信息中心。

塔里木河流域水资源统一调度与管理系统中数据采集和三个专业辅助子系统都是为水量调度子系统和生态环境分析子系统服务的，其工作流程是水量调度子系统调用数据采集、生态环境分析子系统和三个辅助子系统的结果生成水量调度方案，然后又反馈回生态环境评价子系统对水调方案进行评价，完成后又返回水调系统调整方案，因此，它是一个相互反馈的系统。最后结果从会商决策子系统和业务处理与综合服务子系统提供给用户使用。

系统用户群大体包括：数据维护类用户、专业应用类用户、会商决策类用户、业务服务类用户四类。

数据维护类主要为系统维护人员和数据采集人员，主要分布在信息中心，使用的功能系统为数据采集子系统、数据库子系统、遥感动态监测系统和信息综合服务系统的维护模块，系统体系结构主要为C/S，主要和数据平台发生关系。

专业应用类主要为专业处室工作人员，主要分布在规划处和水政水资源处，使用的功能系统为生态评价系统和水量调度系统，系统体系结构主要为C/S，主要和应用平台发生关系。

会商决策类主要为决策领导层人员，使用的功能系统为会商决策系统，辅助系统为生态评价系统、水量调度系统和信息综合服务系统，运行在会商决策中心，系统体系结构包括C/S和B/S，和应用平台、决策服务平台都发生关系。

业务服务类包括塔里木河流域管理单位所有员工、关联单位人员以及社会公众，包含了以上三类用户群，使用的功能系统为业务处理与信息综合服务系统，在该类人群中关联单位人员和社会公众只能使用信息综合服务系统的塔河网外部模块，其他相关模块允许通过权限访问相应功能系统。用户群分布在塔里木河流域管理单位围绕水量调度业务的各个单位和部门，系统体系结构主要采用B/S架构和决策服务平台发生关系。

6.6 监测监控系统的运行维护

6.6.1 系统的运行维护

塔里木河流域水资源统一调度和管理远程监测监控系统的运行管理，是指系统的日常应用管理。维护管理是指系统各类设备故障诊断与排除，软件升级、各类传感器校准和设备更新等。由于塔里木河流域管理单位和各河流管理局涉及单位较多，各河流管理局，地域分布也比较广，间隔距离达上千公里，因此，针对这种局面，对于塔里木河流域水资源统一调度与管理系统，采用“集散式”的管理方案，根据塔里木河流域管理体制现状，将流域远程监测监控系统的运行管理，分散到信息分中心和各监测站点等各个管理单位。而对系统的维护管理进行集中，统一由塔里木河流域管理单位信息中心负责管理。

由于远程监测监控系统设备的维护管理技术性强，技术要求高，因此，为做好系统设备的维护工作。塔里木河流域管理单位信息中心组建了计算机、通信、软件开发与应用等专业技术人员组成维护管理机构，负责整个远程监控系统的维护诊断、零配件统一采购更换、系统维护等。

这种运行及维护方式，即降低运行维护成本，避免了人员配置浪费，还可以提高系统的维护效率。由各层级单位组建相应自身分支系统的运行单位，负责自身分支系统的正常运行管理。

经过几年来的远程监控系统建设管理和运行维护工作的实践，塔里木河流域管理单位，初步建立了远程监测监控系统管理和运行维护机制。项目建设由流域信息化部门牵头，业务部门提出具体需求，统一设计和招标，按照轻重缓急和建设条件分步实施。运行维护采取依托自身技术力量为主开展日常维护，部分专业维护外包的方式开展，保障了塔里木河流的远程监测监控系统的正常运行。

6.6.2 流域信息化人才队伍培养

塔里木河流域水资源统一调度与管理的远程监测监控系统涉及到水文、水工、电子与自动化控制、通信与计算机网络、计算机应用、软件与数据库等多个专业。而塔里木河流域从塔里木河流域管理单位调度中心、各分中心及现场监测监控的工作人员，因行业需要，大多来自水工、水文等专业技术人员，要确保远程监测监控的安全可靠运行，在现有人员配置技术水平的情况下难以保障，必须对运行维护管理人员进行有针对性技术培训，以提高运行维护的综合业务能力。系统运行维护管理人员应着眼于一专多能、知识面广的人才。

为了管理和运行维护好这样一个较为庞大和复杂的监测监控系统，塔里木河流域管理单位高度重视水利信息化人才队伍的建设。为提高现有运行维护管理人员的技术水平，提高系统维护的业务能力，塔里木河流域管理单位，组建了塔里木河流域管理单位信息中心，逐步在流域塔里木河流域“四源一干”管理单位设置了信息分中心，配备了既懂计算机软硬件、通信和自动化控制，又懂水工水资源等专业方面的技术人员来信息中心工作。

同时，考虑到现有参加过塔里木河远程监测监控信息化系统建设的各类专业技术人员，有水工、水资源、计算机软件设备，通信知识的技术，这些人员在系统建设过程中，已深刻体会到仅靠单项技术知识，很难胜任远程监测监控系统运行维护工作，因此有着跨专业学习的强烈愿望。塔里木河流域管理单位因势利导，邀请有远程监测监控系统运行和维护方面经验丰富的专业技术人员，对已有的技术人员进行定期和不定期的系统培训，提高有着实践经验技术人员的综合专业运行维护管理知识，使他们逐步成为复合型人才，以便在塔里木河流域形成一支既懂水利、水文、水工知识，又能对监测监控系统，计算机广域网，上层信息平台进行日常基本维护和管理的新型人才队伍。

7

有关问题的探讨

7.1 建立流域水权分配市场的设想

我国是一个贫水国家，水资源将会制约社会经济的可持续发展。随着社会主义市场经济体制的不断完善，水资源如何在市场经济模式中得到最优配置并产生出巨大的综合效益，已引起越来越多的人的关注。塔里木河流域的水资源随着日益增长的人口和社会经济的发展，流域水权市场的建立是必然趋势。

7.1.1 水权市场的必然性

在人类使用水资源的进程中，过去由于人口少，水资源的用途局限于饮用、农业灌溉，对水的需求不大。而今，水资源的用途越来越多，对水的需求也越来越大。与此同时，自然水的供给能力越来越弱化，水资源的绝对稀缺度越来越高，水资源问题已经成为越来越突出的世界性问题：一方面是资源的滥用，并使当前和长期的资源最优利用成为不可能；另一方面会加剧个人或群体在使用资源上的摩擦和对抗，并出现用暴力手段占有资源以及设置、维护某种排他性的产权。因此，当稀缺资源一旦达到导致人们相互对抗的水平，产权的出现便不可避免，尽管产权的具体形式可以有很大的不同。由于水资源越来越稀缺，加之水资源需求弹性小和不存在替代效应，这样不同利益单位的经济组织就有了界定水资源产权的冲动。因此，水资源的管理者就会“穷则思变”，找出解决水资源瓶颈的问题。

西方产权经济理论曾指出：在资源稀缺、同时又缺乏滥用资源的有效约束条件下，要创造资源的最大财富产出，就必须进行资源保护的投资，也就是建立资源的排他性所有权，在明确所有权后，受利己利益的驱动，创造资源的有效使用动力。马克思认为资源稀缺决定了资源配置的经济意义和经济学基础，这是一种机会成本的选择。康芒斯则把所有权看作是资源稀缺的制度反映，而产权的交易和转让正是资源配置的重要和基础环节。在资源财产权得到明确而清晰界定的条件下，只要这些权利能自由交换，作为市场层面（即外部性）的生产者或消费者就能通过交换达到资源优化配置的目的。

我国目前的水资源现状可以概括为几对矛盾：区域矛盾，即上游与下游、南方与北方之间由于地理位置差异引起的矛盾；时间矛盾，即丰水期与枯水期、用水高峰与用水低谷之间由于降水和用水的时间差异引起的矛盾；用途途径，即农业用水与城市用水、经济用水与生态用水之间由于使用水的用途差异引起的矛盾；利用矛盾，即淡水与咸水、洁净水与污染水之间由于水资源利用率的差异引起的矛盾。诸如此类的矛盾还有很多，各对矛盾之间又互相渗透、互相影响，构织成一张纷繁复杂的矛盾网，而每对矛盾在某个层面上都表现为一种水资源的稀缺。因此，要理顺并解开这张矛盾网，改善我国目前的水资源管理现状的一个有效解决办法就是明确水资源财产权，通过水权交易市场重新配置现有的供给，以期达到水资源配置的最优化，实现水资源的可持续利用，这是历史发展做出的选择。

7.1.2 发展水权市场的重大意义

长期以来，我国的水资源分配体制是一种指令配置模式的延续，主要通过行政手段来配置水资源。在这种模式下，水价不能反映资源稀缺程度，浪费严重，供需矛盾日趋尖锐。在水资源日益稀缺、市场转型的新形势下，旧的配置方式不能有效协调地方利益矛盾，必须进行改革。要充分体现市场在资源分配中起决定性作用，发展水权交易市场，通过水权转让可以达到资源优化配置的目的。

在价值规律作用下，资源总是由利用效率低向利用效率高、收益低向收益高的方向调整，以实现局部和全社会最大利益。在大部分可开发的水资源已被分配占用的情况下，人们关注通过销售和转让来重新配置那些已经被分配的资源，多数水权转让是从较低收益的经济活动向较高收益的经济活动转让，如从农业用水向城镇供水和工业用水转让。通过市场交换，双方的利益同时增加，水资源的价值得到充分体现。在科学配置的前提下，水资源的有效利用达到优化，这是市场效率的体现。

通过水权交易，全社会节水意识增强。通过水权的划定，上下游用水成本相应增加，上游多用水就意味着丧失潜在收益，即用水要付出机会成本，而下游多用水要付出直接成本，这就为上下游都创造了节水激励，全社会的节水意识都会大大增强。

此外，由于市场具有动态性，能够反映总水量的变化和用水需求的变化，部分消除了指令分配各地区水量的不合理性。通过发展水权市场还可以抑制或避免新建供水工程。通过水资源的有效配置，增加可利用的资源量，根据产业结构调整方向，以市场方式实现水权在不同行业部门间的转让。

7.1.3 水权分配市场的管理

水权分配市场主要由水权批售市场构成，所进行的是水资源的所有者（国家或水资源管理部门）和用水户之间的初次水权交易，通过分配，水资源的使用权由政府向市场主体转移。对于水权分配市场的管理主要侧重于水权分配制度的确定、水权分配方式的选择以及水权登记制度的设立等一些行政、政策性管理。

（1）水权的分配原则。水利部2008年颁布实施的《水量分配暂行办法》第五条规定：水量分配应当遵循公平和公正的原则。要充分考虑水资源条件、供用水历史和现状、未来供需情况、节水型社会建设的要求，妥善处理上下游、左右岸的用水关系，分好地表水与地下水，协调好河道内与河道外用水的关系，统筹安排生产、生活、生态与环境用水。因此，塔里木河流域的水权分配要根据流域的社会经济及其需水、水资源、水资源工程及其调控能力等方面的特点而定，但是必须要保证流域水权分配的公平、公正、科学、合理的原则。

（2）水权的分配制度。水权的初始分配制度规定（以下简称水权分配制度）一般有三种：一是“自由取用”水权制，即把水资源看作是取之不尽、用之不竭的纯自然物而自由取用的水权分配方式；二是按照“先来先用”的原则进行分配的制度，简称“优先专用水权制度”，又称“等候式”水权制度；三是竞争性水权制度，是指在水资源短缺的前提下，对现有的水资源进行竞争性分配。其分配制度又可分为两种形式，即行政性分配和市场分配。行政性分配是指政府按照一定的模式对现有的水资源进行指令性分配的过程。市场分配即是利用市场的价格机制进行水权初始分配的过程，实践中主要采用拍卖模式。不同的水资源禀赋决定不同的水资源分配体制。

在我国，由于地域面积广大，各地水资源的短缺程度不同，因而水权分配制度也有所不同。在我国南方一些地区，由于水资源充裕，其分配体制多采用前两种方式。而在北方地区，由于水资源的短缺，多采用竞争性水权分配制度。如在黄河流域，由于水资源的极度缺乏，自 1987 年开始执行“分水方案”，即在扣除输沙等生态用水 210 亿 m^3 的前提下，将剩余的 370 亿 m^3 黄河水按一定比例分配到了沿黄各省、自治区。一般而言，水权市场的建立只有在水资源短缺地区就显得尤为重要，因此，水权分配市场中的分配制度主要是指竞争性水权制度。塔里木河流域也属于此类分配制度，可尝试将国务院批复的《塔里木河流域近期综合治理规划》中确定的各源流用水总量和自治区下发的《塔里木河流域“四源一干”地表水水量分配方案》，按照不同来水频率下，确定流域各用水单位的用水总量，作为流域的初始水权，并以此为基础在有条件情况下，进行水权交易。

（3）水权的分配模式。不同的分配模式将产生不同的效益与成本，对经济影响的程度

亦将有所差异。在竞争性水权制度下，水资源的条件不同，水权分配的模式可能不同；在同一水资源条件下，对于不同的地区和不同的行业，水权分配的模式也不同。目前我国主要有如下水权分配模式：

按人口分配的模式。在进行水权初始分配时，将可分配水量按人口分解到各用水户，使人人享受同等的用水权。这种模式体现了资源分配的公平性，但忽略了不同行业从业人员对水资源的需求差异。

按面积分配的模式。按照水源地周围地区面积进行分配，用水业户所辖的区域面积越大，所分配的水资源越多。

按产值分配的模式。即按照GDP产值指标分配水权，产值越高，所分配的水权量越大。因此产值分配原则是一种效率遵循原则。

按混合分配的模式。即依据人口、地域面积和GDP产值进行加权平均的一种折衷的分配模式。

按现状分配的模式。现状分配模式是在承认用水户用水现状的基础上，以现有的用水量（上一年或近几年的加权平均值）为标准，依据“溯往原则”进行水权分配。

按市场分配的模式。即通过公开拍卖的方式对水权进行分配。一般而言，这部分水权的拍卖价格高于上述分配的水权价格，参与竞买者一般是水资源边际产出较高的行业，由于有较高的效益预期，往往会对这部分水资源产权支付较高的价格。

以上可以看出，塔里木河流域的水权分配模式主要是按现状分配的模式，在各自的流域内可采用按产值分配的模式。

（4）水权的登记制度。水权登记制度的作用是对用水进行统筹安排和管理，以规范用水，保护水权人的利益。其管理内容是：规定需要进行水权登记的取水范围，授权部门，制订各地具体的地表水及地下水的取水量和取水顺序。在进行水权登记时，水权人应当提交水权登记申请书和水权登记所依据的有关文件，在该水权与第三者有利害关系时，还要提供第三者的承诺书或者其他文件。水权登记书应当包括下列事项：①提出水权申请的单位或者个人（即申请人）的名称、姓名、地址；②取水起始时间及期限；③取水目的、取水量、年内各月的用水量、保证率等；④申请理由；⑤水源及取水地点；⑥取水方式；⑦节水措施；⑧退水地点和退水所含主要污染物以及污水处理措施等。对于水源流经两县（市）以上或水权影响到两县（市）以上者，其水权登记应由上一级主管机关（或其委托机构）办理。

水源流经两地区（市）以上或水权利害关系影响到两省（直辖市）以上者，其水权登记应由中央主管机关（或其委托机构）办理。对于由中央政府主办的水利事业，应由中央政府主管机关负责办理水权登记。对于登记的水权，因水源水量不足而发生争执时，用水目的顺序在先者有优先权；顺序相同者，先取得水权者有优先权；顺序相同而同时取得水权者，可按水权登记额定用水量比例分配之或轮流使用。

7.2 水权交易市场的构建

我国目前虽然还没有成熟的水权交易市场，但个别地方水权交易活动已经出现。因此，亟待建立适合中国国情并适应市场经济体制要求的水权交易市场。据此本文特提出建立一种合约化的水权交易市场。

7.2.1 水权交易市场的布设

由于我国各地区水资源分布不均匀、经济发展不平衡，因此，建立适宜全国范围的水权交易市场是比较困难的；加之对水资源的开发利用和管理要从流域和大区域做起。所以，目前国家设立水权交易市场应以大河流域为单元，首先在水资源比较紧缺并且经济比较发达的北方大中城市建立试点，然后针对各地区实际情况加以推广。在流域范围内建立以水资源所有权管理为中心，分级管理、监督到位、关系协调、运行有效的统一管理，这是当前国际水资源政策的核心。在大区域上进行的水资源统一规划、调配，各地方不得干涉，从而打破地方行政区划的界限，可以对整个流域的水利工程和环境治理进行统筹安排。

7.2.2 水权交易市场的供求结构

引入竞争机制，建立水权交易市场。一方面，供水部门的结构要适应市场经济的需要，打破行业垄断，提高企业经济效益。为此，在国家对供水设施的所有权不变的情况下，其经营权可分离出来，实行有偿转让。这样，既解决了建设与管理脱节的问题，又能有效保证国有资产的保值增值，改变过去城市供水系统由政府包揽、国家财政投资无力的局面，实现供水系统投资主体多元化和供水系统运行的市场化。另一方面，用水结构也要发生变化。近年来，随着水资源供需矛盾的日益突出，国家一再强调要开源节流。节约用水，提高用水效率，涉及到用水观念、经济、技术、法规和公众参与等多个方面，涉及社会用水结构的重新配置。现代经济是货币经济，通过“效率优先、兼顾公平”的水权交易，在一定约束条件下，优化用水量在不同行业的配置份额，追求最佳的经济效益，从而促进用水向科学、良性和可持续的方向发展。

7.2.3 水权交易合约的设定

水权交易市场是国家设立的产权交易市场的组成成分，应具有其固定的交易程序和交易规则，通过买卖水权交易合约来完成水权交易。水权交易合约是指在水权交易市场内达成的标准的、受法律约束的并规定在未来某一时间、某一地点内交收一定数量及质量的水资源商品的合约。它包括年度内的短期水权交易合约和年际间的长期水权交易合约两种形式。水权交易合约的内容一般包括：交易单位、成交价格、交易时间、交易日内价格波动限度、最后交易日、交割方式、合约到期日、交割地点等。其中，成交价格也叫敲定价格，它是水权供需双方在交易市场上通过公开讨价还价形成的。这种合约是一个标准化的合约，除了水权交易的成交价格是买卖双方协定的以外，水资源商品的水量、水质、成交方式、结算方式、对冲及交货期等都在水权交易合约中有严格规定，而且一切都要以服从法律、法规为前提。

在进行合约化的水权交易时，要预付一定数量的保证金，用于交易双方不能如期履约的情况下，交易中心清算部门对受损方给予保障和补偿，这样可以实现对水权交易市场的风险管理，确保水权交易市场的正常运行。

总之，市场经济实践已经证明，生产要素产权没有流动性，资源配置的合理化就极难形成，产业结构的调整就十分困难，资源就难以充分合理利用。因此，水资源产权制度的完善与改革对水资源的开发利用和保护管理具有重要的作用，市场经济需要完善水资源产权，在保证国家对水资源管理宏观调控的前提下应尽可能扩大水资源产权的流转范围。水权交易的出现既是水资源供需矛盾加剧后的必然产物，也是社会可持续发展的需要。水权交易是水权供求双方在水市场上进行水资源使用权、经营权的买卖活动。水权交易的结果是引导水资源流向最有效率的地区或部门，流向为社会创造更多财富的用户。落后和欠发达地区或部门在发展阶段通过转让水权获得发展资金，而发达地区或部门可以通过在市场上购买水权满足快速发展对水资源的需求，达到水资源优化配置的目的。因此，我们应加强对水权交易的理论研究和探讨，为我国水权交易的广泛实施创造坚实的理论基础。

7.3　塔里木河流域水权市场建立的构想

自 1999 年起，塔里木河流域在某种意义上讲，就进行了初始水权的分配，即由新疆维吾尔自治区批准的《塔里木河流域各用水单位年度用水总量定额》，初步确立了流域用水总量的水权分配，但由于当时塔里木河流域缺乏总体规划，没有全流域的水量分配方案，流域各地（州）、兵团师水权不明确。到 2001 年流域综合治理开始后，根据国务院批准的《塔里木河流域近期综合治理规划》编制了《塔里木河流域“四源一干”地表水量分配方案》，并经新疆维吾尔自治区人民政府批准执行。进一步明确了流域各用水单位的用水水权，确定了流域的耗用水量指标和下泄指标，《塔里木河流域“四源一干”地表水量分配方案》实际上是国家赋予有关用水单位的用水权益，也是流域今后建立初始水权分配制度及走向水权管理的基础。

通过《塔里木河流域“四源一干”地表水量分配方案》实施流域的水量统一调度和管理，新疆维吾尔自治区对塔里木河流域的分水方案才能真正落实，各用水单位经济发展和生态环境的用水权益才能得到维护。由此实施的流域水资源统一调度和管理，就是通过水资源的合理分配、精心调度，更为有效地协调好生活、生产和生态环境用水的矛盾，更好地维护各方的用水权益。

但是，体制改革以前，由于塔里木河流域“四源一干”相对独立，流域内用水单位各自为政，在各自子流域内的用水较为独立，只是在近些年才出现在用水单位内部出现水权转让的情况，未出现流域内相互间的水权转让。直至 2011 年进行了体制改革后，通过生态补偿机制的初步建立，在塔里木河流域跨子流域间进行了水权转让，如 2012 年和田河和叶尔羌河流域来水偏丰，和田河流域和叶尔羌河流域下泄塔里木河干流的水，转让给阿克苏河流域的下游阿瓦提县和阿克苏流域垦区灌区；2013 年由于开都河—孔雀河流域来水偏枯，博斯腾湖水位降至警戒水位，为缓解开孔雀河流域下游灌区的旱情，将塔里木河干流的水权转让给开都河—孔雀河流域的尉犁县和塔里木河干流垦区灌区，实现了流域内跨子流域调水，在全流域内进行了水权转让，这也是自体制改革以来的又一创举。

建立流域水权市场机制能够使整个流域内上下游之间增加约束机制，对水资源分配中出现的利益冲突可以采取政府调控和水权转让的机制进行协调。以上进行的流域内的水权转让，就将会促使流域内生态补偿机制的建立，通过建立流域生态补偿制度，对破坏流域生态环境及流域生态环境保护措施缺失的一方予以处罚约束，按照“谁污染、谁支付，谁破坏、谁恢复，谁获益、谁补偿，谁保护、谁受偿”的流域生态补偿原则，确定生态利益相关者的权利、义务和责任，以实现流域上下游区域间经济社会的科学、协调、可持续发展，流域生态补偿可以被视为流域管理的一种具体手段，是综合运用经济和政策工具进行流域管理的措施。

因此，塔里木河流域今后的水权转让将向全流域扩展，才是真正实现流域水资源统一管理的目标之一，同时也是实现流域高效用水的举措之一，更也是实现了流域管理与区域管理和谐关系的建立。

7.4 建设数字化流域的设想

7.4.1 塔里木河流域信息化建设的必要性

随着塔里木河流域治理工作的不断深入和推进，塔里木河流域管理单位的管理工作也由干流管理向全流域管理转变，由地表水的调度管理向地表水和地下水资源的统筹调度管理转变，因此，原有的水资源管理方式和管理手段已经很难满足目前塔里木河流域治理的要求，需要进一步完善和提升。

中共十八大报告强调要“促进工业化、信息化、城镇化、农业现代化同步发展”，把信息化放在更加重要地位。加大投入整合资源推进水利信息化建设，全面实施“金水工程”，加快建设国家防汛抗旱指挥系统和水资源管理信息系统，提高水资源调控、水利管理和工程运行的信息化水平，以水利信息化带动水利现代化。

针对塔里木河流域管理的具体情况，主要任务是水资源合理利用和生态环境保护，最终实现“三条红线”控制指标要求，因此要完成这两大任务必须有信息化这一技术手段作为支撑。

（1）提高塔里木河流域水资源管理能力。随着塔里木河流域水资源供需矛盾日益尖锐，水资源管理的多目标性将愈来愈被关注，特别是极端干旱等事件发生时，实施应急调度，需要快速、科学地确定调度方案，需要强有力的技术支撑。因此，迫切需要通过塔里木河流域信息化的建设来提高突发事件的应对能力和流域管理能力。同时也可以促进塔里木河水量统一调度、提高水量调度管理和决策水平、增强水量的时效调度性和快速反应能力，对实现流域用水总量控制，提高流域用水效率和效益很有必要。

（2）提高塔里木河流域生态环境保护能力。塔里木河流域经过近期治理取得显著效果，但流域突出特点和需要急需解决的主要问题仍然是干旱、风沙、盐碱、贫困等问题，流域生态环境依然脆弱。

生态环境监测与水资源保护工作是塔里木河治理工作的重点之一，在现实情况下，要重点考虑如何运用先进的技术（如3S技术）来提高信息采集传输的效率，加强生态监测、地下水监测及其治理情况的分析，满足生态环境保护管理体制、运行机制和塔里木河流域自身可持续发展的要求，进而达到塔里木河流域生态环境保护的要求。

（3）提高塔里木河治理现代化、信息化的水平。当今的计算机技术使得我们所生存的社会正在产生质的变化，用数字化手段来处理我们周围的世界，最大限度地利用资源，实现海量数据的集成、模型与数据的结合、各种信息的共享与传播、决策支持方法的应用等，使水利信息化的应用成为发展的必然趋势。塔里木河流域信息化建设的提出正是顺应当前信息化发展的潮流，是实现塔里木河治理从传统水利向现代水利、可持续发展水利转变的一个重要举措，将塔里木河流域治理和开发提高到了一个新的台阶。

（4）为领导提供决策支持服务。随着信息化技术广泛地应用，为领导在决策及时、快速掌握情况、科学决策提供了可能。信息化的建设将会使领导在各种会商决策中全面了解塔里木河流域整体情况，及时掌握各类实时信息，从而使决策更加科学和合理。

（5）为公众提供消息发布服务。通过塔里木河流域信息化的建设，将塔里木河流域治理的有关情况及时的反馈给社会大众，不仅可以提高塔里木河流域在公众中的形象和地位，更可以很好地将塔里木河流域治理的各类信息和成果展现给公众，使全民参与到塔里木河流域治理建设中来。

7.4.2 塔里木河流域信息化建设的可行性

（1）塔里木河流域的现有信息化建设发挥了重要的基础作用。塔里木河流域管理单位近几年在信息化建设中投入了一定的资金，具有多年信息技术应用的基础，建设了覆盖塔里木河流域管理单位主要下属单位的计算机广域网。并已经开发完成了多项专业应用系统，如水位水量监测的遥测系统、闸门和泵站运行远程监控系统、办公自动化系统等，这些系统在各项业务技术工作中发挥了重要作用，这些系统的建设和运行实践为塔里木河流域信息化建设积累了丰富的经验。

（2）成立专门管理部门提供了组织保障。为使塔里木河流域信息化建设能够顺利有序地实施，塔里木河流域管理单位组织专门部门承担信息化建设和管理的职责，成立了塔里木河流域管理单位信息中心，具体负责塔里木河流域信息化建设规划、设计、上报等立项工作并负责组织实施及建设进度与工程质量控制。在管理上为塔里木河流域信息化建设提供了保障。

（3）信息化技术和其他数字流域建设经验提供了强有力的支持。塔里木河流域信息化建设存在的主要问题与其他流域的情况十分相似，有许多可以借鉴的地方，目前“数字流域”的建设开展的如火如荼，其中不乏成功案例，如黄河水利委员会的“数字黄河”建设。“数字黄河”建设经过多年来的发展，有许多宝贵的经验和教训可供借鉴。当今信息技术发展应用是一个重要趋势，特别是在水利行业的应用有了突飞猛进的发展，数字技术应用日益成熟。因此，目前进行塔里木河流域信息化建设在现实和技术上是可行的。

（4）在国家水利建设大好形势的背景下为投资落实提供了保障。在2010年中央1号文件和中央水利工作会议召开的大好形势下，为塔里木河流域信息化建设的开展提供了良好的机遇。

7.4.3 建设总体目标

按照国家及新疆维吾尔自治区有关塔里木河综合治理的发展战略及方针政策，以科学策服务的综合决策会商支持系统和为广大业务人员服务的综合信息服务系统。

应用支撑平台是塔里木河流域信息化资源的管理者，也是服务的提供者。应用支撑平台可划分为三大块，一是直接提供给应用展示服务的公共应用服务；二是提供给业务处理和各种信息交互处理的专业应用、交互服务；三是为这些服务提供开发、测试、运行环境支持的统一标准开发、运行平台。应用支撑平台是一个开放的资源共享和应用集成以及可视化表达的公用服务平台，是业务应用的重要支撑。其开放性表现为自身随业务应用的建立而不断拓展与完善。

基础设施主要是处理各类信息从采集到数据的处理和存储的过程，是塔里木河流域信息化建设的基础，是水利信息工程与水利实体工程间的接口，是水利信息的主要来源之一。

信息化保障环境是由水利信息化标准体系、安全体系、建设和运行管理机制、政策、投资和人才队伍等要素构成，是支撑水利信息化不断发展的基本保障。

信息化系统运行环境是由网络设备、服务器与存储、机房和基础支撑软件等组成。除硬件设施外，还包括所有商品化的基本支撑软件环境和工具，集中了所有除数据资源、信息采集与工程监控资源以外的其它可共享资源，是水利信息化建设中不应重复建设并实施资源共享的主要部分。

发展观为指导，力争通过5～10年的努力，通过塔里木河流域信息化建设，提升塔里木河流域水资源统一调度管理和决策水平。遏制生态环境恶化趋势，最终将塔里木河流域建成水清岸绿、堤固洪畅的美丽塔里木河，达到人与自然和谐，流域经济可持续发展的目标提供决策支持。

在塔里木河流域治理工作不断推进下，为了实现这个目标，要重点加强监测站（点）、通信网络、数据存储等信息化基础设施建设，拓展水资源（保护）、生态、工程、防洪、灌溉等各种信息采集种类和范围，显著提高获取塔里木河流域信息资源的可靠性和及时性；重点建立包括公共服务、专业服务中间件（知识库与模型库）的应用支撑平台，初步实现各系统间信息交换与共享，避免资源浪费；重点强化信息化在塔里木河流域治理中的应用，推进水资源保护、水资源调度管理、生态保护、工程管理、防洪减灾、电子政务、灌溉管理、遥感应用等核心业务应用系统建设工作，增强水资源开发利用与管理的科学性；提升综合信息服务与综合会商系统的应用水平，促进流域信息化与塔河综合治理业务的融合发展。

7.4.4 总体框架

塔里木河流域信息化建设规划覆盖了塔里木河流域“九源一干”，重点区域为塔里木河流域“四源一干”。主要包括基础设施、应用支撑平台、应用系统以及信息化保障环境和信息化系统运行环境等。塔里木河流域信息化建设规划总体框架见图7.1。

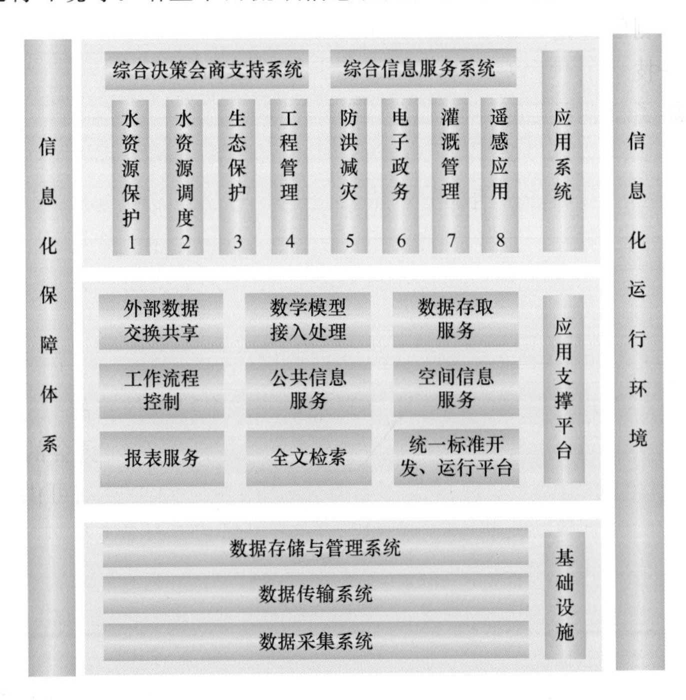

图7.1 塔里木河流域信息化建设总体框架图

应用系统是塔里木河流域信息化的具体体现。包含水资源保护、水资源调度、生态保护、工程管理、防洪减灾、电子政务、灌区监测、遥感监测等业务。在其顶层是为领导决